BEFORE THE BRAND
OUTSIDE THE DESIGN

品 牌 之 前 , 設 計 之 外

企 劃 與 設 計 的 概 念 工 具 書

Preface of the author

The warm positive thinking
and the sense of belonging

作者序：

設計不難、企劃不難、提案不難，其實客戶也不難，難的是沒有好好溝通、沒有好好說話而衍生的一大串複雜問題。《品牌之前，設計之外》彙整了我們多年來組織思考的模式、存在設計執行所有品牌專案的策略、日常溝通的對話與解決設計的企劃方針，並且整理成各種圖表和淺顯易懂的閱讀模式，善用生活周遭的各種形容來比喻那些難懂未知的迷惑。

或許對很多人而言，企劃與設計這兩件事情似乎跟日常生活勾不太著邊際，但其實寬至企業經營者、品牌創立者、企劃相關工作或者從事設計者；微至我們每天對於生活的思考等等，無論你是何種角色，希望透過這本書的內容呈現，能開啟在想法上有更寬闊的概念，也期待閱讀後的你一起感受陽光的思考與處世態度，**因為我們每個人都需要溝通、需要企劃，而每天睜開眼睛也都是設計的開始……**

黃子瑀說：

- 設計從同理心開始
- 文字用對詞性，說話就有磁性
- 十年修得同船渡，百年修得共事福
- 溝通和情緒是最重要的兩件事
- 沒有走錯的路，只有走遠的路
- 機會不是給準備好的人，是給勇敢的人
- 只要心裡向著光，未知的前方一定有太陽
- 品牌離不開人、人離不開生活、生活離不開感動

Before you begin...

還沒翻開內容之前，
我們先看看關於那些閱讀之前印象之外的設計、企劃五四三二一

前言：閱讀之前、印象之外

\# 企劃不難，難的是沒有共識，無法好好對話。

\# 設計不貴，貴的是沒有好好設計而流失掉的商機與時間成本。

\# 設計公司怎麼找都不合我意 — 就像談了好多次戀愛總覺得愛錯人一樣！

\# 如果自己成了客戶未必是好咖，那可不能怪客戶總那麼難搞啦。

\# 買東西時總是感性在前、理智在後，所以產品先買回家了再說。

\# 1. 什麼是品牌：就是多數消費者總是很願意花錢買想要但不需要的東西。
對！我自己也是。

\# 2. 什麼是品牌：就是不管三七二十一，只要他們家出的產品我一定買！

\# 與其滔滔不絕跟客戶說明自己多厲害，不如花時間先聽聽客戶喜歡什麼。

\# 以前我們從來沒遇過這樣的問題耶 —
以前沒遇過的可不代表以後不會發生，所以面對它就是解決的開始。

\# 我的案子不用企劃嘿，只要想一下看看怎麼設計就好。

\# 其實我不用設計啦，只要簡單的排版就好了！

\# 好做的事情不會輪到我們，所以好好做事至少有個遠播的好名聲。

Design Note：

當這本書閱讀完畢後，回到開始的這頁，寫下屬於你的設計金句和體悟吧！

品牌之前、設計之外目錄導引
Before the brand Outside the design

About Concept

001　作者序
統籌前言；品牌離不開人、人離不開生活、生活離不開感動

003　前言：閱讀之前、印象之外
閱讀之前印象之外的設計、企劃五四三二一

011　存在的向光性
溫暖的設計力和正向思考

013　為什麼要談歸屬感
因為歸屬感是一種心理需求，而且每個人都要，品牌和客戶也是

015　誰屬於品牌系統
品牌系統中最重要的組成：經營團隊＆產品

017　時代與設計的歸屬
沒有最好的設計，只有最適合的！我們可以創造經典卻不能一成不變

019　習慣找優點
看得見人事物的優點是一種美好的連結，設計也是

021　為什麼要換位思考
因為各自都有想說的，所以更要好好溝通

023　企劃就像居家收納
會議訊息整理、設計問題分類、企劃統籌的居家收納比喻法

025　設計的蝴蝶效應
利用設計來擴張品牌內外好感度的長期累積

027　傳產轉型＝魚缸換水
時光變換景物依舊，對傳產來說就像歲月帶走了時間卻帶不走情感

029　打破成規的轉型概念
加入專業、留下核心價值、丟掉既有包袱

031　心覺為主、視覺為輔
美的視覺不是產品上市的一切，但是搭配一個好的企劃概念肯定事半功倍

035　設計風格就像因材施教
設計的風格只是一種選擇，品牌靈魂才是一切

品牌之前、設計之外目錄導引
Before the brand Outside the design

About Brand

037　品牌之前、設計之外
存在設計的企劃運作與品牌設計概念的起承轉合順序軸

— **1. 從市場視野看回品牌**
一體兩面的雙向觀點：品牌的原生創造與市場角色

— **2. KEEP+ADD 從代工到品牌的世代傳承**
從0到1，從1到無限的傳承與轉型

— **3. 企劃直析 — 組織結構的堅持**
存在的分子企劃：打碎既定的組成，重新建構脈絡

— **4. 品牌五感的呈現**
品牌對外的感覺傳遞：品牌對內的自我認知

— **5. 擴大發酵 — 醞釀的期待**
上市後的市場發酵與消費者反應預測

— **6. 讓設計說話**
請把我帶回家！好的設計會說話

— **7. 跨越三種人稱 — 換位思考 — 價值建構**
設計端的意義體現、換位思考的重要、品牌自我價值建構

— **8. Keep going 品牌的生生不息**
品牌週期改變的循環與覺醒

045　品牌的心聲到新生
何謂老感？重複舊式循環的模式裡的品牌正處於老感型態中

047　品牌思考的生態系統
所有創意和問題解決都有脈絡可循，建構屬於你的基礎思考生態圈

051　品牌的五度五覺
對內5x5的角度塑造；對外的五覺態度萃取

053　品牌的兩種視角
對內的整合邏輯策略、對外有形的價值累積

055　打造獨特的品牌DNA
企業和產品的KPI值是很好比較的，但品牌的DNA則很難被模仿和追尋的

品牌之前、設計之外目錄導引
Before the brand Outside the design

About Planning

057　設計前要做什麼？
企劃？什麼叫做企劃？所有需要動腦筋想的事情都叫企劃

059　設計情緒 & 弦外之音
是感性影響客戶提案選擇的情緒、也是感性影響消費者購買的情緒

061　有形訊息 & 無形連結
設計系統就是將品牌無形的訊息和有形的內部元素完善連接

063　聽、説的美好互動
好好的聽、好好的説話才能好好的產出設計

065　從0到1的產品計畫
產品從無到有、從有到美、從美到好

About Design

067　為什麼要設計？
尋求設計之前是否想過為什麼要設計和我要設計什麼呢？

069　單一視覺與多重視覺
人在單一視覺停留與多重視覺時，感受是不一樣的！

071　設計的溯源管理
設計絕非天馬行空，而是一連串具有分析價值的溯源追蹤。

075　存在的化繁為簡
Less is more 用簡單的設計，呈現複雜的品牌訊息

077　設計思考的步驟
設計本身包含設想與計畫，設計思考等於重新擬定問題

079　產品的穿衣哲學
能抓住目光的好感包裝，是天時地利人和的適合之作

081　設計像水，品牌是杯
設計像水一樣，而每個企業和品牌就是各種不同樣貌的容器

083　訂製設計的美好旅程
與品牌經營者一起打造設計攻略，是品牌旅程最棒的享受

085　ONLINE提案心理學
提案過程的起承轉合就像演繹一場電影、演唱會和音樂劇一樣

品牌之前、設計之外目錄導引
Before the brand Outside the design

About Design

087　細節怎麼來
設計最後一哩路複雜卻美好的詮釋，檢視設計實際執行的結構序位

089　Keep Going 概念最終章
用Super Mario角色來解構品牌的團隊組織和冒險精神吧

Design Works

093　存在的實際案例 — 企劃分享、設計解構
透過不同類型的實際作品案例分享，解構各種品牌設計樣貌

095　金碳稻 品牌企劃設計解構
傳產轉型、農村再造類：企劃文案、品牌包裝、視覺傳達

111　Miss Seesaw 品牌設計解構
通路品牌類：品牌企劃、包裝企劃設計、上市循環追蹤

121　COCO KING 椰子水包裝企劃解構
包裝企劃類：包裝企劃、文案策略、創意視覺、動態視覺、商業策略

137　FReNCHIE FReNCHIE 餐酒館品牌設計解構
品牌設計類：品牌識別、視覺設計、視覺定位、餐酒館品牌

147　Rainbow House 卡里善之樹 轉型企劃
傳產轉型類：品牌企劃、品牌設計、村落再造、商品開發、五感循環

165　PILOLO 靜音球 品牌計畫過程解析
品牌設計類：品牌設計、產品上市包裝企劃、行銷宣傳、影像計畫

181　Mr.Turon 杜倫先生 品牌企劃解構
品牌企劃類：品牌企劃設計、產品開發、行銷宣傳、產品包裝企劃

201　BESTEA 天下第一好茶 品牌設計解構
品牌企劃類：品牌設計、包裝設計、視覺設計、攝影企劃、視覺延伸

217　Uucle Sweet 阿甘薯叔 品牌再造解析
傳產轉型、品牌設計類：品牌設計、再造設計、包裝企劃、視覺延伸

227　WAKE UP 上海醒力 設計解構
海外通路作品類：品牌企劃、品牌設計、影像計畫、視覺延展

存在的向光性
溫暖的設計力和正向思考

Phototropism for Existence

We are extremely concerned about the emotional connections between people. Many brands want to have a breakthrough in packaging and marketing, but also have fear in the loss of the heritage of design in the core values. Existence Design retains the idea of heritage, but also hopes to have innovation of the tradition. With the 「Old Heart，New Soul！」concept in mind, we retain the spirits of hard work from the older generation, and refine the process of its brand values.

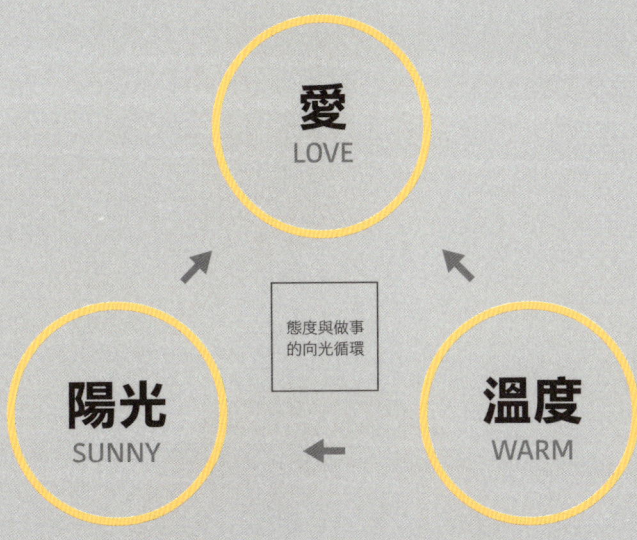

我們相信每個品牌天生都具有向光性，而存在設計每一天都努力成為這美好循環中的溫暖太陽。

我們相信人們都嚮往美好的人事物，無論是自己或客戶也會喜歡跟有向心力的團隊在一起，而消費者則會選擇有正面力量的品牌，這樣的循環和感覺就像跟對的人在一起，任何事都會變美好一樣，這種合作和處事的正面情緒是很迷人且充滿溫暖的。

愛也是存在設計團隊最重要的工作連結，是與合作夥伴之間互動和串接情感的重要基石。我們從日常去體會所有細節，在各自的工作責任範圍內，透過時間碎片所拾起的片刻和互相討論連結的凝聚，從彼此不同的生活方式與性格，圍繞同一個暖心的共識來盡情推理和揮灑品牌的深層故事。

無論遇到什麼事，都能化作正面態度去面對和處理，養成有同理心的思考、進而引導處理事情上有正確的思考，在團隊裡我們自然而然讓這樣的方式，在人與人之間發酵和互動，同時我們也把這樣的思維帶給合作的企業夥伴。那感覺就好像既然都要合作了，在茫茫人海中要能相遇不容易，把這任務交付給一個更開心、陽光和有溫度的團隊，雙方合作也都會變得更開心，我們相信這樣的正面情緒是可以被感受和傳遞的：)

What is emotional belonging

歸屬感就是填飽肚子之後，心裡面要進食的東西，而且還不能不吃！

我們明明談的是品牌、是設計，為什麼要說歸屬感？因為歸屬感是一種心理需求，而且每個人都需要歸屬感，同樣的，品牌、客戶、市場也需要。

每個人都會透過不同的方式來讓自己感覺有心理上的滿足，而歸屬感這三個字正是在生理酒足飯飽之外的心理需要。設計其實就處於我們的生活圈，所以設計之前我們要理解的，是各種品牌、市場、經營者所呈現的情緒。因此當我們把歸屬從一個人的心理開始放大到一個家、一個團隊、甚至一個社會、一個國家時，我們會發現家庭會有家庭的氛圍、一個團隊會有團隊的態度、一個社會有社會的價值、一個國家有國家的樣貌，我們喜歡買什麼產品、喜歡去哪個城市旅行，喜歡到哪個地方，其實其中的因素或許我們可以稱為心理依附，因為我們對這個物品、這個地方或這裡的人有某種心理的歸屬感覺！很多人問我，如果這樣的話那企劃和設計也跟心理學有關對嗎？我覺得是噢，只要對象是人就一定關乎對話、心理和情緒：）

如果我們給TA、市場定位、品牌定位這類型的理性名詞一點溫度，試著用歸屬感來形容的話，也許會覺得「噢！這樣好像比較能理解了。」

我們試著想像當消費者喜歡某個品牌或者買了某個產品，在理性的區分產品製造、品質等等好壞之外，還有什麼事我們要在意的呢？其實就是心理認同感！消費者選擇的其實是一種心理的歸屬。譬如我們從自己身上開始回推思考，可能會發現自己有喜好的傢俱品牌、喜歡喝的咖啡店名稱、喜歡買的產品、喜歡去的地方、喜歡待在一起的朋友等等，但我們很少問問自己為什麼喜歡。

在思考品牌執行或者產品要上市的時候，我總習慣這樣問自己，漸漸的發現這些或許是因為人的身上有一種本能，應該說除了言語、眼神之外的感覺，那是一種心理上的感覺。就像我們在公司裡也有一種氣氛和歸屬感，而我們所創造出來的狀態，那就是別人對我們整體營造的氛圍所下的註解，這樣的狀態可能會吸引到喜歡我們的人來靠近，而品牌也是，這既是一種核心態度、是靈魂也是歸屬。

所以啊！像人在一個地方久了，就會形成一種場域的氛圍，譬如味道也好、生活習慣也好、奉行同一種態度也好，這些都是歸屬感的訊息資料庫，也就是傳說中的核心態度，如果將這樣的形容運用在品牌中去思考的話，那麼歸屬感是品牌的靈魂、也是我們要幫客戶傳遞給消費者無形的話和氛圍。因此當我們在執行企劃和設計之前，如果能用更有溫度的方式去理解市場情緒，把歸屬感這三個字放在設計、放在品牌中思考，也就能做出更有情感的作品了。

誰屬於
品牌系統

Who belongs to
the brand system

品牌系統中最重要的組成：經營團隊＆產品

每一種生態、關係都有系統，例如：家庭會有家庭的系統、一間企業有企業內部的循環系統，家庭的系統由血緣或非血緣關係組成，品牌系統則透過部門和產品所組成，而公司內部每個人都有自己的思考方程式，一群人一起做事反映的就是企業本身運作的態度，當我們用系統觀點來看待品牌時，就會發現在這個品牌裡面的人事物都會互相牽動和影響，所以當品牌企劃的前置溝通越細膩，得到的訊息越多，也就更能重組創造新的狀態，賦予品牌價值與態度。

工欲善其美、必先理其事，要執行一個陌生的品牌專案，光是前置的資料搜集、訊息整理等大量又繁瑣的工作事項就足以耗時許久，而如果沒有基礎的瞭解流程，就很難在時間內找到關鍵訊息來支撐企劃元素的發展，所以面對企劃執行，就得從品牌系統相關的人、事、物這三個路徑開始。包含：**品牌經營團隊、序位規則、整體運作計畫、產品力、內外流動溝通的方法**，然後透過與經營者或操作者的溝通理解達成共識後，才能開啟品牌企劃、進入設計思考程序執行作業，然後再從品牌內部系統的連結度、順暢度、合作度三個關鍵的解構，分析品牌發展中最重要的關係鏈與企劃方向。

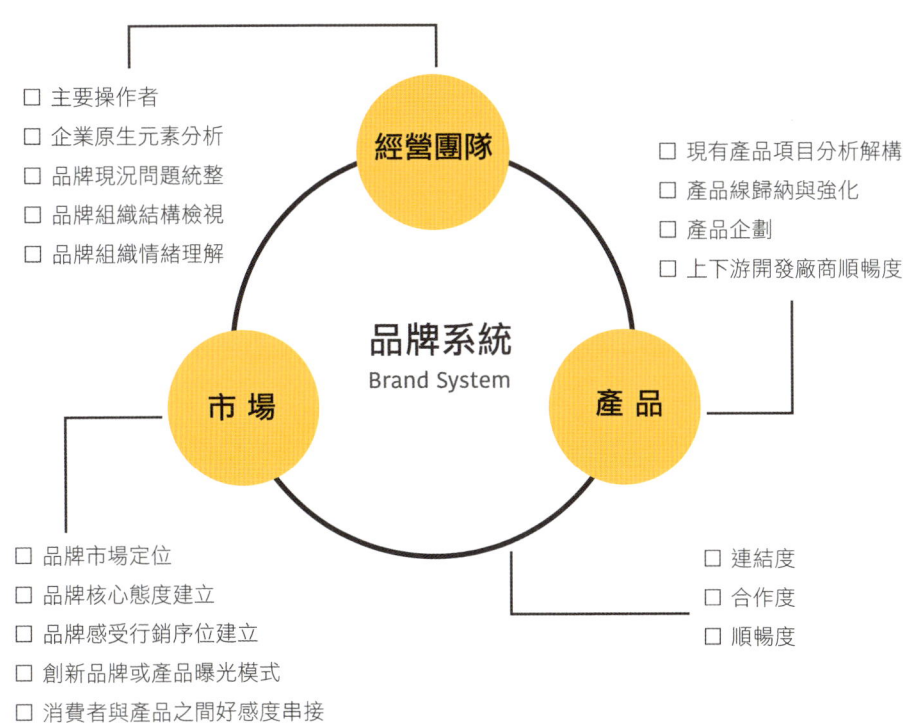

時代與設計
的歸屬

The emotional attribution
of times and design

關於設計與時代的歸屬

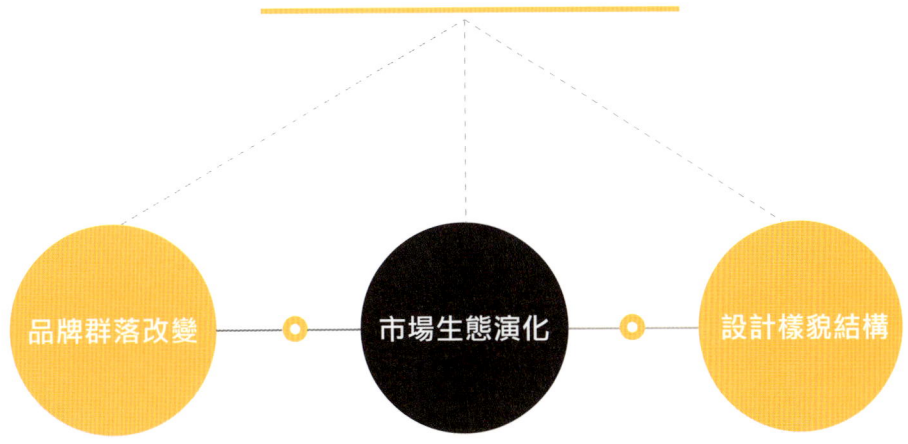

每個時代都有當下所圍繞的歸屬感，譬如以前褲子破了會縫補，但某段時間卻流行破洞的褲子，因為那是當下的一種時尚歸屬。
所以設計也是。

沒有最好的設計，只有最適合的！我們可以創造經典但是卻不能一成不變，因此每隔一段時間就得回頭審視，品牌當初設立的方向是否還符合現在的市場生態。

或許會有人問：那難道是我們之前設定的不對囉？其實並非如此，正是因為市場不斷改變，所以我們需要提出相對應的設計策略，賦予品牌各種不同的階段性任務，也才能不斷往前。

東方文化常說天時、地利、人和，我們將這個理論運用在品牌上的話，其實正是設計的三種要素。意指對的時間、對的市場環境、對的人，三者相乘起來就會是個好的作品傳達，或者會是個好的行銷模組。

然而什麼是品牌行銷？也許各種精彩的販售或宣傳方式，我們都稱為行銷，而設計也是行銷中一個重要的環節，我們透過時代變化的時間軸點，去體悟現今市場所群聚的品牌樣貌是什麼、透過時下潮流的變化去感受消費趨勢的改變，然後回頭審視經營方針，來提出符合市場的設計策略與成果體現，準確的傳達品牌每個階段所乘載的不同任務。

習慣找優點

Habit of looking
for advantages

看得見人事物的優點，就是一種美好的連結，設計也是。

品牌設計跟尋找優點有什麼關聯？是因為所有被喜歡的一切事物，都從優點開始。設計要做得好，優點要自己先找到。品牌要感動人心，優點要讓消費者看得到。

很多設計的執行其實都攸關心理學，開會討論是、設計提案是、產品上市也是，許多客戶都會在第一次見面時候問我，到底怎麼做出連自己都喜歡的企劃或者設計？我總會回答，那就先從找到你自己身上的優點開始吧！譬如：設計會議之前，我總是習慣從一場對話的開始，以陌生的角度去探索對方好的那一面，因為經驗累積的數據告訴我們每個品牌的個性和態度，幾乎至少超過50%都從經營者的性格和優點開始放大延伸！

所以想做好設計，我們就要先從人開始談起，因為人是品牌一切的起源。其實看得見人、事、物本身的優點是一種友善的連結，就像如果是稱讚和批判，人總會對於讚美產生好的情緒，即使要說的是對方的缺點，至少用一種比較溫和的方式陳述，對方可能也比較聽得下去，我們也用這樣的心理探索來看待設計執行。

當一個人可以看出另一個人的優點，那就會是一種正面的循環，不過這可不代表我們應該去忽略自己或者對方的缺點，相反的，因為缺點總是比優點更容易被討論和放大，要說別人的缺點好像都比找別人優點容易，可是那容易形成一種負面能量。試著想像一下，如果說話都已經惹怒對方了，那整場會議、談話都比較不容易有好的結果，因此懂得找到別人身上的優點，也就比較容易讓我們在面對事情時，擁有好的情緒，去找到對這件事情好的一面。同樣的，當我們在做設計的時候，也就更懂得放大品牌中某些隱藏的優點、某些需要透過設計被引導出來讓消費者看得見的情感，甚至是協助客戶看到自己原先沒發現的好；同理，找到品牌的內在優點，也就能在企劃中盡情放大品牌感性的優勢了。

我們透過溝通和企劃協助客戶找出優點的同時，再將這些好的元素放進設計裡，自然而然在提案的時候也更能被理解和接受了。

所以沒有任何一種設計能比較，因為所有的設計都是透過溝通，打造屬於品牌最適合的樣貌。就好比人與人之間所有性格和處世方式都不同，而所有的個性也一定都有屬於自己可以立足的天地和角落，每個品牌、每個人都有其獨特的優勢，我們的角色是協助引導和陪同合作方、經營者看見自己的好、看見產品的好、看見品牌性格的好，然後在設計完成的同時，也讓客戶用喜歡和欣賞的角度收下一份適合自己的設計，讓客戶接手完成設計之後的下一階段經營任務。

Transposition Thinking

\# 正因為各自都有想說的，所以更要好好溝通，讓合作產生更好的氣氛，自然也就會在雙方的合作互動中，形成堅固的信任。

每次在演講或第一次與客戶接觸對話互動，從分享設計企劃或者經營的二三事裡，超過80%一定會問到的是「重複修正、如果提案不喜歡、會議溝通不順暢怎麼辦等等的技術性問題。」我總會笑瞇瞇的說：「雖然我無法確保你一定喜歡我們提案的設計，因為每個人都有欣賞美的基準，但喜歡卻因人而異。但我確定的是在我們合作過程中，會一路從會議溝通到提案簡報都能讓你感受，你在意的事我們都有放在心上。」

信任是專案合作最重要的關鍵，因為當雙方形成了信任的良好感受，不僅溝通能順暢、企劃提案可以不用耗費冗長的時間過關、設計也比較不容易來回改稿和重複修正了。但問題是如何讓專案執行方和客戶兩者之間自然而然形成信任呢？答案是：**「想辦法讓彼此情緒好，溝通就會好，信任自然能提高！」**因為人們鮮少會對好好說話、懂得傾聽的人產生不愉悅或者憤怒的情緒，相反的，爭吵會發生一定有個基礎，那就是只想說自己想說的，而不把對方說的放在心裡。

而讓情緒變好的主要關鍵就是站在對方的角度看事件。在專案會議中溝通、討論和對話互動而產生的情境其實就是一種心裡的情緒，只要能設身處地站在對方角度理解，那對方心理感受就可能會因為你而感到舒服，整場對話的氣氛就有機會變得良好，那麼雙方要處理的案件、想達成的結果也比較會有個好的Ending。

\# 好好說話，會給合作好的開始和更好的氣質。

其實表達意見是好的，總比整場會議下來對專案的方向什麼想法都沒有來得好吧！但人往往在思考討論時，會過度理性的一直深究企劃內容、設計風格等等的技術性問題，而一股腦的將自己的想法表達出來，卻忘了對方有沒有想聽這些。很多無法決策而陷入無限討論的提案，或許只是因為對方心理上的感受被忽略了，而又沒能好好說出來，只好僵在那裡動彈不得，最後只好落入重複修正的負面循環。

所以無論是設計者、經營者或只是日常生活中需要溝通的你，如果正處於這樣的狀態中，或許可以試著從好好說話開始，站在對方角度去解讀為什麼對方的觀點看法與我們不相同，只要一方自動開啟換位思考開關，好的結果一定會浮現。當然這麼多年來我們試過最有效的是，設計者本身如果能自動當那個引導對話的關鍵角色，也比較能有效的達到共識，對彼此的合作好感和信任也會自然的建立。來一場有氣質的對談，先不論成果好不好，至少心情是開心的，人開心了合作就會順呢！

企劃就像
居家收納

Planning is like
home storage

會議訊息整理、設計問題分類、企劃統籌的居家收納比喻法

沒有妥善整理和分類的企劃只會讓品牌表面上看起來有模有樣，繼續垂直探索核心的話，可能會發現像居家收納一樣，外表乾淨的桌面底下，藏著打開抽屜一團亂的眼不見為淨呀！

每個品牌、設計專案的思考、歸納、分類和成果展現，跟整理家務的概念其實很相近，又或者我們可以稱企劃者為：訊息整合分類達人吧！（差不多像是居家收納達人的概念那樣。）每當碰上客戶說：「我的設計很簡單啦，我不用什麼企劃，你們就是簡單的弄一下就好啦！」這樣的句子時，我知道再多的專業解釋，都抵不過一個日常的比喻能讓大家秒懂到底企劃是什麼，而又為什麼無論再小的案件都需要經過企劃來分解，才能得到關鍵的設計元素！

那些會讓大家聽到理智線斷掉的專業話語我們暫且先不談，我試著將設計專案比喻成居家收納，或許會更快理解到底為什麼設計不只有美觀，更沒有所謂簡單的編排一下，即便最後你看到的是一個非常簡約的設計，或者是視覺層次很豐富的設計，可都是經過思考的，因為所有我們見到的視覺動線、結構、用色都有其內藏的訊息整理歸納、問題分類和企劃統籌喔！而且不管多小的專案，都一定會有這些順序，差別只在大專案處理的內容是更多、更雜、更廣。

譬如，就像煮飯時你順手可拿到的鹽巴和醬料，絕對不會是本來就放在那裡的。那為什麼你能在煮飯的時候垂手可得呢？因為下廚的經驗告訴你，鹽巴要放在這裡才方便呀！這個下廚需要醬料的過程就像是一段簡易的企劃思考，裡面藏著三個重要的訊息：**1.發現問題 2.整理問題 3.解決問題**，最終你透過物品放置與收納的位置，展現了你腦中企劃的結果。如果再將這個概念擴大至整個居家的收納裝潢，那需要思考的細節跟內容也會因此變得更多更廣，品牌的設計和企劃也是一樣！

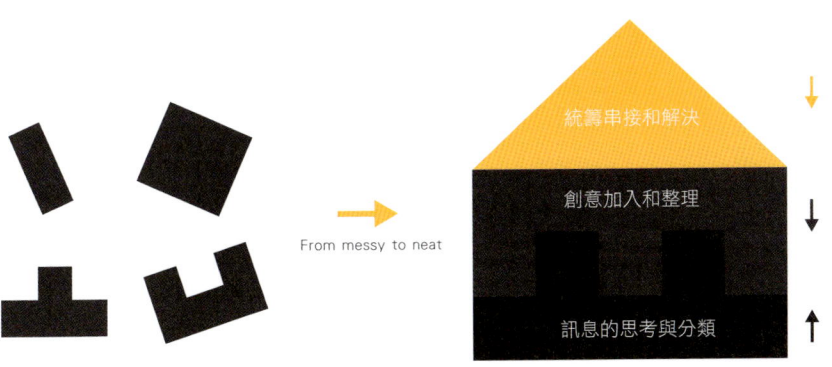

From messy to neat

The Butterfly effect
OF DESIGN

利用設計擴張品牌
內外好感度的累積

\# 存在設計認為品牌設計系統中,因起初願意創新改變而出現的微小變化,將可能帶動往後整個品牌好感系統長期的連鎖反應稱為:
「設計的蝴蝶效應」。

蝴蝶效應原意:南半球蝴蝶振翅,可能會是造成北半球颶風的原因。
— 1963年美國氣象學家洛倫茲提出

美學與設計的迷人之處,在於從微小的地方開始思考。假設設計是新的商業模式中一種必要的存在,而我們能從最初就有效的進入品牌系統,以設計思考模式引導品牌的態度,透過正確的企劃邏輯、品牌文化的建立、設計美感的呈現,最後讓時間去累積醞釀,便可能帶動品牌往後在市場上長期的好感效應。

設計二字的意義和定位從來不純粹站在美的視角觀看品牌,我們需要的是給客戶更多從未想像過的,甚至是一種可以自由彈性延伸應用的品牌模組系統,而不是單一視覺。因為最終經營者歸回客戶本身,而我們是在品牌建立的過程中擔任著陪伴者的角色,當我們一同透過合作而理解品牌設計真正的價值,也就能從中剖視品牌設計的目的不是為了外表和美感而做,而是要在每一刻都能順應世代的潮流改變,卻仍保持著企業品牌的核心價值發展。

因此當設計端與品牌經營者理解了利用設計思考來擴張品牌,並且從最初正確的定位開始醞釀內外好感度的累積,讓企業在未來看到寬闊而深層的倍大改變,是我們創造設計蝴蝶效應的理念,也是品牌長久永續的美好態度。

The transformation of
traditional industries

「時光變換，景物依舊」這句輕描淡寫的話對許多傳統產業來說，就像歲月帶走了時間，但永遠帶不走記憶裡的情感。

協助傳統產業轉型是我們近幾年很著重的專案，透過設計思考協助傳產以嶄新的樣貌在市場上發光，好像是我們這個世代所乘載的美好責任。因為傳統代工的榮景逐漸式微，也慢慢從人們的記憶中消失，取而代之的時代消費革命，不論是快速便利的網絡或日新月異的行銷方式，快得讓現在的人們漸漸忘了那些撐起台灣經濟年代的美好，然而我們沒有遺忘的是，早期就在這些傳統產業的累積堆疊下，塑造了台灣經濟的命脈，也留下了美麗的歲月與光輝，每種產業都有週期循環，在時間的推演下，社會、經濟、工業開始轉型，漸入二代和三代的接班，各種代工產業也開始選擇走向自產自銷或成立自有品牌來因應時代的改變。

但許多接班和轉型總會遇到與上一代思考上的差異和各種矛盾，這些都是改變的磨合，因為所有的改變都是令人感到繁雜的，並非一路順風如意，但我們要理解的是傳產轉型絕不是從無到有，而是從1到2的延續擴張，更是透過不同資源整合累積力量的方式，對於傳統產業的轉型可不是將舊有的一切全部打掉，相反的，應該是要留住值得放大的核心和情感，一點一滴慢慢的和新型態的市場接軌。

傳統產業轉型和創立新品牌的交替融合過程，就像魚缸換水

「改」是要跟著時代的腳步學習，「變」是能留下美好的靈魂轉動。其實傳統產業轉型好比養魚的理論一樣，魚在水中也有生存的循環系統，我們都知道無論是新的魚要加入魚缸中或定期換水時，都不能一次將水全部換掉，最重要的原因是水中已經培養的硝化菌，除了舊的魚對於水質已經適應之外，也要考慮新的魚對於環境的融入，這些就像是舊的產業在轉型的同時需要適應新市場型態，而全新的品牌也應該保留經典的核心價值一樣。

如果想要養好魚，最重要的是建立良好的水質，那麼傳統產業想要妥善的轉型，無論是原先經營的一代或者準備轉型的新一代，最重要的就是內部團隊的共識。轉型急不得，而轉型過程中設計的角色也不只是因美感為導向的視覺面，更不是透過美美的設計就能讓市場接受，充分互相理解和溝通，再深入了解每種產業歷經數十年的故事與期望的轉變，從設計到品牌、從設計到企劃、從設計到經營，每一步除了創新之外也能踏實的走著，才能在品牌轉型的過程中，乘載著上一代打拼留下的美好走向新的時代。

而我們總在傳產轉型合作過程，陪企業經營者圍繞著設計的初衷，思考著市場之於設計、品牌之於設計、轉型之於設計的目的，傳達轉型猶如歲月層疊，時代變化，而我們不斷同步且經歷著巨大的時代洪流帶來的淬鍊後，能陪伴著一個又一個傳統產業或者夕陽工業找到存在價值、甚至是一直存在的價值。

The concept of transformation

傳統產業要改變一定得打破成規、加入專業、留下核心、丟掉包袱

隨著時代快速的進化與發展，即使是幾十年、上百年的傳統產業，只要有固定的內部創新機智和模式，就會像一罈好酒一樣，越釀越香。好比收發訊息、撥打電話都要收費的通訊年代，被突如其來的免費通訊軟體淹沒，一定有人曾想過：「天呀！現在打電話都不用錢了，電信公司這項業務該怎麼辦？」當我們不再選擇付費的通話方式聯繫，投入免費通訊軟體懷抱時，電信業者也從科技洪流沖刷的過程裡一路從家家戶戶的電話收費邁向網路撥接、再銳變成2G、3G、4G、5G和光纖，終於我們打電話傳訊息都不用錢了，但是我們轉而付出的是吃到飽的網路費，這樣處在我們生活中垂手可及的轉型案例一直都在。

就像我們都知道的任天堂遊戲，從經典的像素畫面、紅白機，一路到了現在畫面順暢精緻的SWITCH，各式各樣的手遊、遊戲app就像雨後春筍般不斷冒出，但瑪利歐仍然存在而且還成功的讓更多人喜歡。一間經典雋永的企業要有突破性的改變和成長，就必須丟掉包袱，每一個傳產的轉型和改變都需要設計的力量加入，因為有新的人事和思維支援，也就能適時的丟掉既有的思考，才有機會創造新的模式，無論今天有多少代表著台灣名聲遠揚世界或傳承幾代的茶農、果農、食農，甚至是各種我們引以為傲的產業代工，都無法遠觀這場時代的改變和市場機制的觀念大遷徙，各種需要改變的大小企業體只要開啟第一步願意轉變的念頭，下一階段的傳承也就會從這個節點開始擴張延伸了。

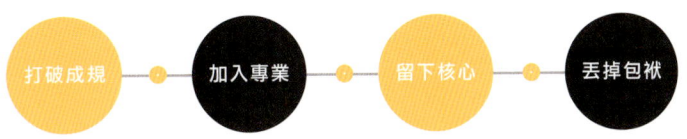

轉型固然重要，但各種產業、產品轉型企劃也像老屋翻新，沒有管線修繕、沒有水電重整，就會空有外表沒有內容。

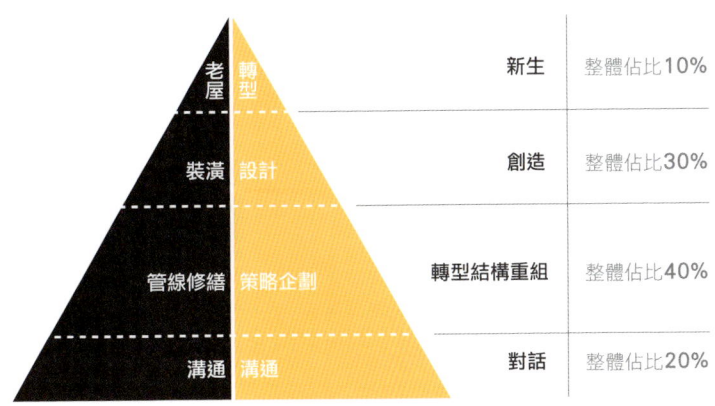

Feeling in the heart is the first,
the visual is the auxiliary

為什麼品牌想改變？其實想做好視覺，不如從心覺企劃開始。

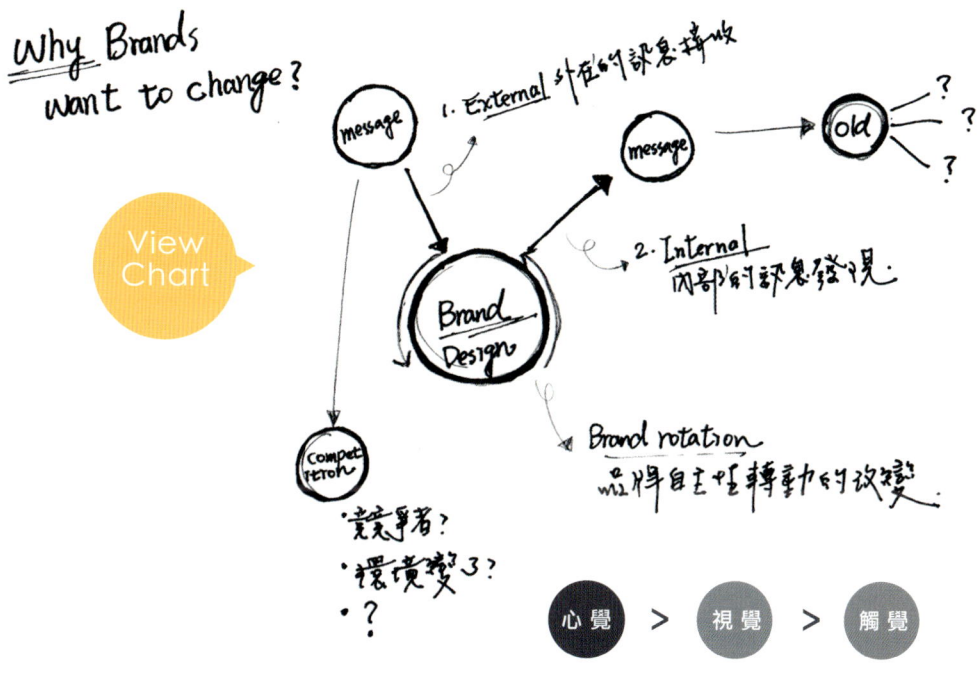

美的視覺不是產品上市的一切，但是搭配一個好的概念想法和執行方針肯定事半功倍，也會比起口沫橫飛地說著東西品質多好、製造成本多高還管用一百倍。

有人說：人是視覺系動物，但視覺其實是從心覺而來的感受，設計創意的基礎是建構在完善的思考邏輯上，再用視覺瀏覽讓心去感受。設計擁有讓一個產品不用說太多也能傳達品牌想放送的訊息魅力，所以更需要在執行前蒐集諸多資訊來讓設計說話。「理性的方法不可能改變人的消費購買行為，但是感性能！」因此讓複雜難解的訊息變得簡單易懂，直覺的映入人們的眼中後，在心裡激起共鳴發酵，是設計根本的任務。而設計是透過無形認同，引起陌生眼光的一種有效傳遞方式，但在統籌各種複雜交錯的設計問題之前，我們首先要了解「理性與感性」兩種訴求的不同特點。譬如，在最終美感體現的視覺中，我們要掌握傳說中低速運轉的左腦理性思考者，和高速運轉的感性右腦圖像者想看見的資訊，這也就等於同時把握了主要傳達對象的理性與感性，再從中根據訴求對象所需，而擬定設計策略。讓設計除了外表的美觀，更能有效透過無形情感傳遞品牌訊息。

心覺視覺共生：心覺為主，視覺為輔的逆向設計提案

感受，不外乎是生活細節的堆疊累積，只要能打開瀏覽者、凝視者心裡的感官，就算再微小的事物看在眼裡，都能從心中解讀出新的感動。

每一次執行設計專案的時候，我們總是想如果設計退去視覺外衣之後，內層還能剩下什麼讓人值得品味感受？編排、用色、圖案元素可以很有創意、可以很簡約、可以很豐富也可以很好看，但除此之外呢？當所有的提案只是圍繞著各種技術性的專案用詞來呈現美感深不可測、高不可攀的同時，我們該用什麼方法，讓被提案者能因為文字和語言的述說引導而對設計感同身受？

因為各種「為什麼」一直在腦中不斷浮現，而我們不斷地嘗試各種方式，從創意發想端開始策劃相對應的思考法，我們依據產品或思考的情緒歸屬：心覺、視覺、觸覺、味覺、聽覺這五覺來鎖定創意發想元素的方向，然後透過思考生態系統圖的發展，從這五覺圓周擴張創意元素，當點子在系統發想圖中開始延伸時，所有好的點子和設計元素的張力也會跟著漸漸浮現，被提案者也同樣由五覺圓周的表達帶起心中對於創意建構過程的絕對感受，當下的想像力也就變得更有層次，而當確保了設計者的思考圍繞在正確主軸中的同時，設計的內外解讀也就都能由心出發了。

為了讓心覺為主的想法更明確驗證，除了設計，我們也開始投身市場成為品牌經營者。會有這樣的轉型思考最主要是希望透過在設計上累積的經驗，能實際轉換為真正的產品營銷和品牌經營者角色，唯有把自己放在那樣的角色中，才能真的對每個企業或者客戶所遭遇的問題感同身受。在這過程裡我們也明白，沒有感性訴求的品牌壽命會變短，就像是只能落入比功能、比價格的這種理性競爭，事實上，心理和情感訴求才是品牌累積價值的重要關鍵。

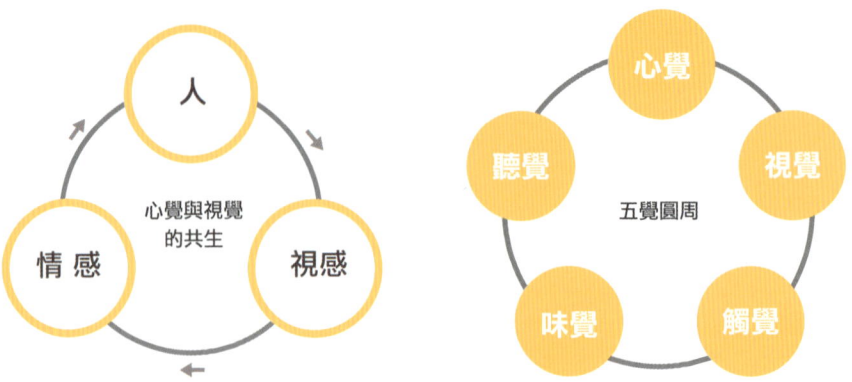

黃子瑀的企劃圓形定律＆設計圓周哲學：
品牌內外的溝通能力一旦提升，氣質也就會不一樣了。

發想出一個好的概念，搭載完善的企劃執行方針，是每個品牌都夢寐以求的破口，然而，品牌專案的統籌執行包含：**各種大小不同的階段性任務、次數繁多的會議溝通、瑣碎的信件或訊息傳達、客戶提供的各種資料與時程和進度追蹤所組成**，累積與整理大量資訊還必須轉換成設計可以使用的元素，這個作業的過程往往會耗掉很長的時間，這是企劃最費時的問題。

秉持正面處事的態度是我們的習慣，因此我們從這個問題的立基點開始發酵，改善執行企劃的流程、方式，創造了一種獨特的存在圓周法則。希望透過有效的作業方式改善來建立良好的執行效率，而圓是一個充滿正向的意會，每人從圓心開始解析核心價值給予企劃發展的正面思維，植入團隊組織的創意發想、工作執行模式中，進而延續圓周法則的原理。

在圓形裡擴張的每一個訊息都會成為圓周上的一個支點，同時也是設計上的元素，將每一個半徑元素串接起來，就能成為完整的理念脈絡，從內在的企劃發想延續到外在的視覺傳達，支點的密度越高、訊息越多，內外連結的關係也會越緊密，設計所傳達的準確度也就會越高。因為設計呈現的是消費者與品牌之間溝通的管道與橋梁，只要企劃的策略方向對了，品牌內外的溝通能力一旦提升，氣質也就會變得更不一樣了。

View Chart

☐ 企劃的圓形規則
☐ 品牌周長
☐ 企業圓心定律
☐ 半徑(r)式元素創造
☐ 直徑(d)式理念傳達

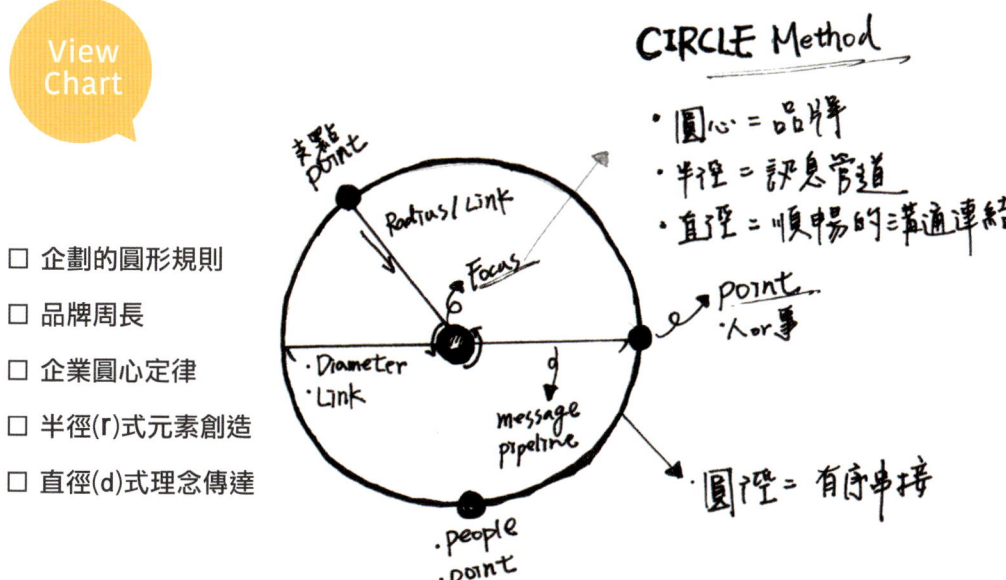

Design style is like
teaching by your aptitude

設計的風格只是一種選擇，品牌靈魂才是一切。

執行設計時，最常遇見的應該是客戶將風格作為會議開頭主要的討論重心，如果不談論執行項目背後的核心問題，而直接從外表的美觀談起，就很容易在設計提案之後，客戶端開始產生各種疑問，最後問題不僅難解，還很可能結不了案。

譬如客戶時常會說：「我覺得很多設計很美啊，可是好像我去展場、賣場或是哪裡走一圈看看，就會覺得好像差不多都長這樣，那我現在花錢做設計，產品就可以被別人記著嗎？還是有什麼更好的設計風格呈現，可以讓我的視覺優於其他同類的產品呀，讓我的東西視覺更強烈，才不會看起來跟其他人一樣吧！」

關於這一題難解的疑問，其實如果在設計開始之前改變談論的方向，也能讓客戶端明白「其實設計的風格只是一種選擇，有時候為了符合市場流行，或許必須改變外表的衣著樣貌來順應變化，但若能明白品牌內心的靈魂才是獨一無二的核心價值，問題就能迎刃而解了。」如同我們一直分享的概念一樣，打造視覺外觀只是設計其中的一環，並不是全部。就像一個人或許會因為穿上不同的衣服和妝容，而有不同的味道和風格，但一個人的個性並不會因為身上穿了什麼衣服而改變，因為你終究還是你呀，設計也是相同的道理！

正視設計背後的核心故事，有層次就有價值，也就不會讓自己的品牌在設計後成為市場的花瓶擺飾。

如果我們將設計風格用評估場合的穿衣法來比喻的話，譬如：「今天你需要參加商務聚餐，因此選擇了比較正經的服裝去融入那個場合；或者今天是要去打球，而選擇了運動風格來打扮自己。」產品的包裝就像我們穿衣服的選擇一樣，不管你需要去哪一種場合，而為該場合做不同的打扮，你始終維持你的思維，思想性格並不會因此改變。品牌包裝的設計風格同樣會因為要在百貨公司、網路銷售或者是針對特定的族群，而打造適合那個市場氛圍的外表和樣貌，但並不代表品牌的核心會因為外表設計而隨波逐流。

因此，無論主要訴求的購買對象、產品要上架的場合、或者經營者本身喜歡的風格是什麼，這些其實都是美的包裝選擇題而已。就像一個正面樂觀的人即使穿了沉重色調的黑色衣服，他內心的本質依然存在，而多樣化的外表反而會提升品牌豐富與多變性的特色。所以討論風格並不是設計最開始該被在意的事，相反的，如何呈現品牌的核心價值，正視設計之前的所有狀況和問題分析，再來打造一個適合品牌的風格和經營者喜歡的樣子才是最重要的事。

品牌之前
設計之外

Before the brand
Outside the design

起

從市場視野看回品牌
To Pull Back from the Visual Field of the Market to the Brand

KEEP+ADD 從代工到品牌的世代傳承
KEEP+ADD From OEM to the Brand's Generational Inheritance

承

企劃直析 — 組織結構的堅持
Direct Analysis of Planning - the Insistence on the Organizational Structure

品牌五感的呈現
The Presentation of the Five Senses of the Brand

轉

擴大發酵 — 醞釀的期待
The Contention in the Market - Consumers' Responses

讓設計說話
Let the Design Speak

合

跨越三種人稱 — 換位思考 — 價值建構
Crossing the Boundaries of You, Me, and Him - Market Recognition - Value Construction

Keep going — 品牌的生生不息
Keep going - A Brand's Continuous Growth and Endless Development - the Awakening of An Enterprise

1. 從市場視野看回品牌
To Pull Back from the Visual Field of the Market to the Brand

\# **市場→品牌**：市場一直是屬於千變萬化的一個世界，隨著世代轉變、科技進步、人性的喜好及習性不停轉換，造就了每個時代有不同的市場需求，面對快速的遷徙，如果只由市場面切入而希望成就品牌，反而會讓品牌核心價值被忽略，只隨「市場喜好」的波逐流，無法站穩腳步，流失品牌本身的優勢及價值。

\# **品牌→市場**：品牌之所以能長久，是因為源自企業的原生力量，先從了解品牌、企業本身的價值開始，保留其核心，再切入市場端去剖析現況的市場缺口，然後透過原生力量去填補、塑形可以打破成規的元素，進而產生再生的元素，如此一來，才可以讓品牌與市場時態達到平衡共生，卻又不失去自我價值。

\# **一體兩面的觀點**：
如同人有善惡之分，思考也有內外之分，市場行銷有行銷的做法、品牌有品牌好感累積的方針，不管任何事情都存在著一體兩面的觀點與敘事交疊，跳脫單一垂直的思考，散發性的立足兩個視角來看市場與品牌本身結構，如此一來，才能做到交替換位思考，將格局放大而不侷促一隅。

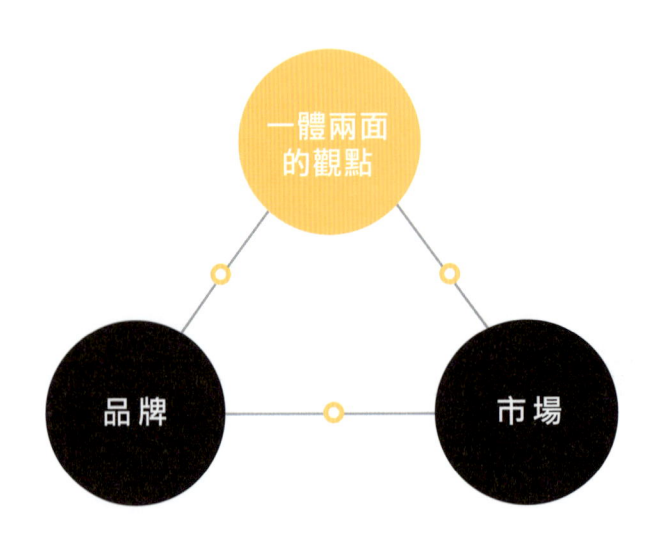

#內外   #原生創造   #換位思考   #定位思考   #原生再生   #品牌設計

2　KEEP+ADD 從代工到品牌的世代傳承
KEEP+ADD. From OEM to the Brand's Generational Inheritance

品牌經營者若理解在每次週期中的「KEEP & ADD」，就有機會抓住品牌企業永續經營的關鍵，「KEEP+ADD」即是穩定發展中求創新、在創新中尋求穩定發展的循環營運模式。代工與轉型品牌的關係不是歸零重來，更不是一種取代，而是循序漸進的交接傳承。以數學來說，一個品牌企業的成功，就如同0到∞一樣，漫長也沒有終點，甚至也沒有正確答案。其實不論是從代工轉型品牌或產品開發到品牌發展，都是一種企業轉型的過程，而每個企業在時間的循環下都會進入既定發展週期，可能是幾年、幾十年甚至更久，但每一次改變和轉型，對於經營來說都是歷史性的革命，同時也是必然會遇到的生存戰爭。

許多企業主面對轉型所需投入的一切，內心是感到矛盾的，即使做好準備也無法預估未知，更擔心失去原先所擁有的一切。然而成功的轉型是一種創新傳承，留下好的、加入新的，不管是代工到企業的世代傳承、企業到產品的力量擴張、最終產品到市場的品牌醞釀都是0到∞的生命週期，抓住每次週期的關鍵，如此一來，不論經歷過幾次的市場革命戰爭，都能戰勝自我而不被時代洪流的改變所淘汰。

\# **0到1的誕生**：一個企業要先「從無到有」，舉例來說：小至一個產品的研發，大至可以延伸到一個代工的型態。但無論何者，都需要耗費很大的心力與時間來籌備醞釀。工欲善其事，必先利其器，當你準備好自己的武器，接下來是要想辦法打一場勝戰。

\# **1到∞的改變**：當跨越了0到1之後，開始屬於「從有到好」的循環，必須隨著市場的變化，適時地調整步伐，同時也要謹記企業的核心態度與價值，這時候要面對挑戰的是對市場的敏銳度，以及對自我團隊是否有足夠的了解而穩健擴張。

\# **從量變到質變**：1到∞是一種循序漸進的改變與彈性，需要思維模式的轉換，從代工產品量化的買賣到運籌帷幄的品牌質量提升，這一連串的應變計畫，不僅要經歷一段陣痛期，更重要的是堅持。畢竟代工是一種看得到的實體金流，而品牌是付出投入和長期累積的無形價值，無法以買和賣所獲得的實際收益衡量。也許透過「KEEP+ADD」的思維概念，可以使量到質過程中的轉型互相結合、相得益彰。

#0到無限　　#內和外　　#核心和創新　　#靈魂與整合　　#Keep+Add　　#傳承和轉型　　#品牌與設計

3 企劃直析 — 組織結構的堅持
Direct Analysis of Planning - the Insistence on the Organizational Structure

\# 分子企劃：明白企業的靈魂初衷，留住品牌的核心價值，用新的方式詮釋是企劃執行最重要的任務。

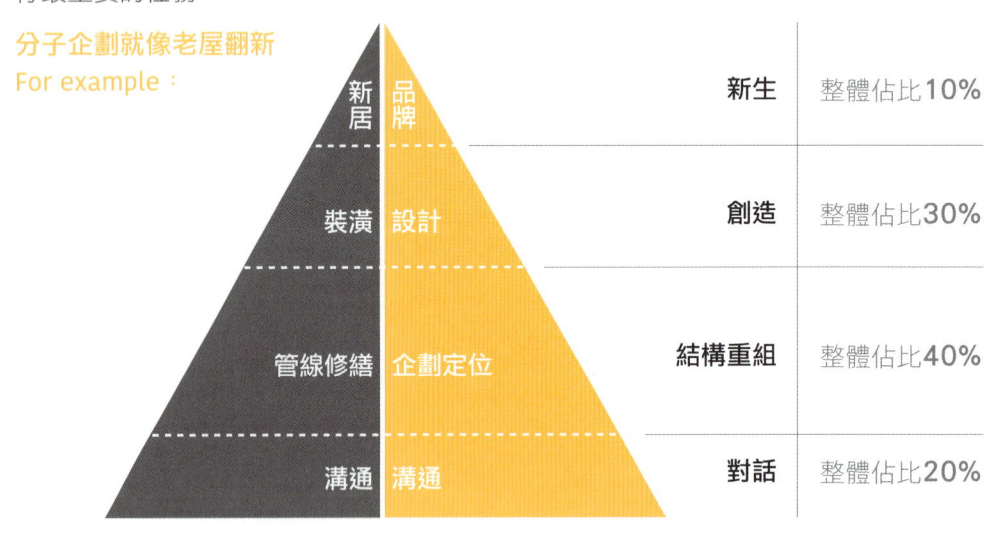

分子企劃就像老屋翻新
For example：

新居 / 品牌	新生	整體佔比 10%
裝潢 / 設計	創造	整體佔比 30%
管線修繕 / 企劃定位	結構重組	整體佔比 40%
溝通 / 溝通	對話	整體佔比 20%

分子料理的概念	分子企劃的概念
看起來是這樣，吃起來不一樣。	核心元素都一樣，結構重組換新樣。

\# 組織結構重整：利用圓周定位，交叉循環思考，打碎舊有的思維或執行方式，重新建構脈絡。

溝通圓周：品牌、客戶、市場
企劃圓周：重組、文案、脈絡
品牌圓周：行為、視覺、理念

\#換位思考　\#定位思考　\#圓周循環　\#核心創新　\#品牌設計　\#Break-Back重組

4 品牌五感的呈現
The Presentation of the Five Senses of the Brand

人有視覺、觸覺、嗅覺、味覺、聽覺，讓我們能對外在的人事物產生感官感受，而品牌的目標在於人的好感累積，因此必須引發消費者心裡的感覺才能產生好感。品牌對外溝通的方式除了視覺之外，我們更能透過行為傳遞品牌態度，也能透過消費者訊息回饋，了解品牌在消費者心中的感受度。而產品有產品的任務，要與消費者溝通，品牌又有品牌的課題需要打造，無論是何者，想要累積品牌好感度都必須透過內外雙向的五感五覺思考法，才能藉由企劃與設計的力量，賦予品牌對外的溝通力與魅力。

外　品牌對外的感覺傳遞：品牌五感感知 VS 品牌五度五覺（內容詳見P.52）

內　品牌對內的自我認知：產品塑造的內部意識特性

意向性：指人的意識在某個事物或某件事上集中多長的時間，呼應品牌態度或產品本身可以抓住人的目光和注意力多久。

短暫性：某些產品壽命是短暫的，我們或許可稱為階段性任務產品，但短暫性產品也有其強大的品牌討論度效果。

主輔性：所有事情都有先後順序而產品也一樣，無法什麼目標都一起達成、無法什麼樣的客群都要，根據品牌想要達成的目的與輕重緩急而妥善作出主輔之分，也才能在對外的消費客群有主輔之選。

選擇性：每一種產品研發都一定有其相對應的消費族群，差別在於是要針對市場中廣泛的群眾消費，還是專注於黏著度高的小眾。

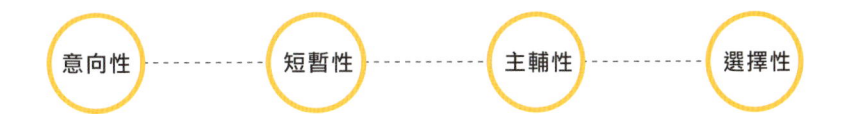

意向性 ---------- 短暫性 ---------- 主輔性 ---------- 選擇性

#內外　　#五度五覺　　#感知意識　　#多方雙向　　#品牌設計

5 擴大發酵─醞釀的期待
The Contention in the Market - Consumers' Responses

發酵，曾被微生物學家路易·巴斯德定義為「無需空氣的呼吸」，他說「一切發酵過程都是微生物作用的結果」，在市場上也是同樣的道理，任何好的企劃、設計、執行方針與品牌行為都需要發酵，但前提是先準備好手中醞釀的元素。當品牌在進入市場前做了一連串的前置作業，接下來需要等待的就是讓它慢慢在市場生態內發酵、擴大。若生物的發酵需要透過環境的溫度，那麼品牌企業的擴大則是要透過市場與消費者的反應而醞釀。

市場的發酵　&　消費者的反應

6 讓設計說話
Let the Design Speak

設計是會說話的，即使它只是靜靜的佇立在架上，也能深深吸引著屬於它的客群。人離不開生活、生活離不開人。產品的研發是理性、品牌營運的數字是理性，但建立品牌的對象是以人為圓心，設計更應該理解人的感受而產出。好的設計映入眼簾，會讓你的目光停留，促使你拿起這個產品細細品嚐，透過設計的視覺引導，閱讀產品的外貌和內在後而能瞭解產品想說的話，進而認同品牌。因為設計不只有微觀談論的美，更有著宏觀的企業態度與黏著的市場需求，才得以自然觸動消費者視覺與心覺的感受。

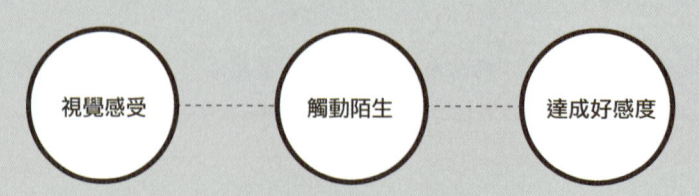

視覺感受 ----- 觸動陌生 ----- 達成好感度

#市場發酵 #消費者反應 #品牌與設計

7 跨越三種人稱 — 換位思考 — 價值建構
Crossing the Boundaries of You, Me, and Him

談論策略與設計方針時，多數都習慣站在自己的角度來理解事情的變化而提出執行方向。但真正的合作則是應該在每個品牌案件中，透過轉換角色的位置，來輔助我們跳開原有角色裡既定的認知思維，其實也就是所謂的換位思考。當我們不是一昧站在自己的出發點去看事情，而是從對方甚至是第三方所處的位置來思考，由此產生的討論，就能自然而然生成理解與認同。當真正理解對方後，彼此能感受到的是互相信任，也能有共同的前進方向。

換位思考 ○ 理解共識 ○ 價值建構

- the Awakening of An Enterprise

8 Keep going — 品牌的生生不息
Keep going - A Brand's Continuous Growth and Endless Development - the Awakening of An Enterprise

沒有一套好方法是可以永遠追尋且不變的直到最後，所以當品牌建構了一定的根基之後，追求的是更深一層的穿透來內省與改變，創造無形的品牌價值。品牌定期自我檢討是一種良善循環的生存模式。一方面需要彙整蒐集市場的訊息反應，另一方面需要內部的共識與整合來發覺品牌所需的進步與改變。當品牌營運者深切理解品牌的週期循環模式，在既定的規則裡尋求創新後，再回到穩定的循環裡營運，如此所打造出來的循環，便是品牌生生不息的重要關鍵。

Keep going ○ 週期循環

#企業清醒 #核心與創新 #Break-Back重組 #品牌與設計

品牌的
心聲到新生

Traditional Industry
Definition

老感轉型
品牌的心聲到新生

跨越舊式循環，讓時間醞釀的一切成為累積的美好

何謂老感？不只有傳統產業才稱為老感，重複舊式循環的模式裡的品牌都正處於老感型態中。懂得審視自己目前的狀態，透過設計思考解決問題，是新生的主要關鍵。

每個產業、品牌、經營模式都必須面對的轉型

許多人認為轉型是老感的傳統產業才要面對的課題，然而實際上各種正處於舊式循環、沒有跟著環境改變更新、重複追尋舊有循環的產業、品牌和經營模式，我們都稱為老感。我們都理解企業要追求穩定的生存，但是穩定卻不代表一成不變。產品必須要有穩定的品質、內部必須要有穩定的運轉、品牌要有穩定的收入，但這些穩定事實上是要透過每隔一段時間的探討、創新、改變，來維持跟確認品牌是否依然跟著市場的動態往前，而品牌又該如何改變卻仍可維持該有的態度與質量，來應對時代的洪流，是每個品牌經營者都必須面對的課題。但究竟如何知道自己是不是正被老感的枷鎖鍊住，或者如何審視品牌是否該重整思緒改變，以下我們透過簡單的圖表來輔助品牌經營者思考，自己正處於哪樣的狀態中。

何謂老感？

- **時間** — 因時間形成的老感企業或品牌
  例如：開業多年、許久前發跡、多代傳承

- **風格** — 因風格形成的老感企業或品牌
  例如：形象復古、販售古早味商品、以舊時光為主題，但未跟進市場消費模式轉變⋯⋯

- **產業** — 因類別形成的傳統產業
  例如：各種代工生產的工廠、製造產品的工房等等⋯⋯

- **經營** — 因經營形成的傳統產業
  例如：持續重複舊式循環的企業、商店、品牌

品牌思考的
生態系統

Eco-system
of the brand

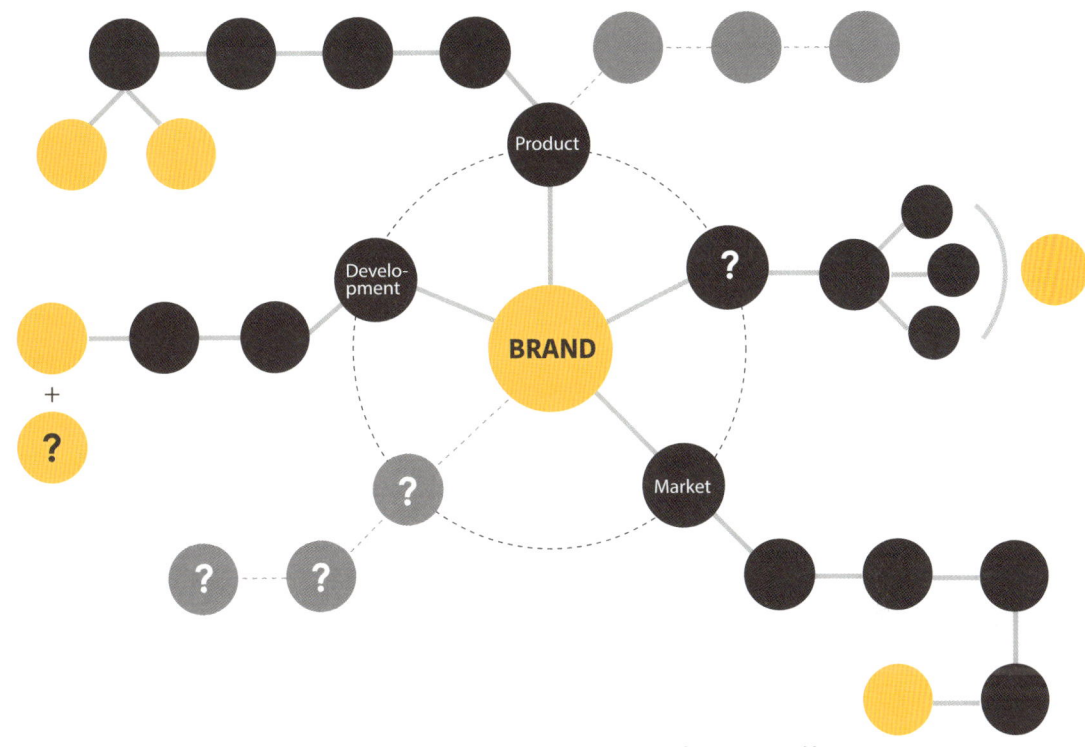

所有的創意思考、解決方式、設計結果和生活問題的
發生和解決之道都一定有脈絡可循，也有意義可以探究。

所有的創意思考、解決方式、設計結果都一定有原因。如果只是創意很棒卻說不出故事、設計很美卻講不出跟企業相關連的意義，問題很多、很雜亂卻找不出一絲出口、腦中陷入深思卻怎麼樣也找不到可以扭轉的方向時，那就是一種糾結，而我們都討厭糾結的感覺啊！因此存在設計獨特的品牌生態鏈系統會誕生，最初就是為了解決在案件中得從繁複訊息理出頭緒，進而發展創造出這套系統。

在面對品牌創立或者經營時的複雜糾結的難題，有時候常想破了頭、絞盡腦汁仍找不出解決問題之道，有時候有創意卻無法連結品牌本身而只能硬想文案、甚至面對設計端也無法順暢傳達訊息。而這類型的問題最初在我們執行傳產轉型和產品企劃時很常出現，漸漸地透過每次會議複雜問題的列表、圖表整理所累積的資料，我開始思考用什麼樣的方式可以協助我們面對不同的案件類型，都能有效的在團隊討論或個人思考中，運用簡單易懂的分析邏輯與延伸基礎，並且針對設計前端的思考、設計中段的問題擴張排解，建構關於品牌的生態鏈系統的發展。

因為透過圖像和圖表基礎的思考引導，除了有效的增進邏輯思考解決力，也能協助自己和品牌經營者釐清一些問題現況，讓每個問題所延伸出的相關訊息或者所設計出來的成果，都能得到相對應的解答。

試著透過存在生態鏈圖表，鬆開各種在企劃、設計、工作，甚至是生活中的問題，建構屬於你的基礎思考生態鏈吧！

利用品牌生態鏈系統把待處理的相關問題寫下，再透過圖表來**串接**、**擴張**、**延伸**人事物的關聯，一步步得出方向。如果你是品牌經營者，品牌生態系統可以協助自己釐清企業內部的某些問題，了解自我的想法，最後再透過設計的專業企劃與策略，從基礎瞭解自己經營的品牌所具備的優點，在分秒必爭的時代裡，找到屬於品牌前進的自然方向。如果你是企劃設計者，透過這份品牌生態鏈，心裡就能如明鏡似的看見企劃脈絡發展，也比較不會讓思緒卡在某個環節噢！

很多問題用想的也想不出解答，這時候就寫下來吧！很多關鍵字一旦真的寫下來，就會更強化處理和執行記憶的效率。而這個生態鏈系統圖也不只運用在品牌和設計中，各種生活中需要思考的相關事物也都很適用，我在各種思考中也都會透過這樣的基礎擴張和排解圖表，讓自己更清楚地知道所有事情的關聯性，也能從中瞭解下一步的方向。

For example：

企劃思考	透過邏輯性的圖表絕對可以幫助自己思考時不易打結
創意發想	創意的立基點一定是從各種被分析後的某個元素開始擴張
設計概念	各種點線面構成的元素都有其原因，但原因是怎麼來的呢？
產品企劃	想推出新產品要怎麼做，該從哪些相關的連結下手呢？
問題排解	解決問題一定要找到問題發生的源頭，但源頭在哪裡？
想法擴張	有了基礎想法之後，我還能如何延伸相關的故事呢？
個人生活	生活問題百百種，人生難題無敵多，我該做什麼、又該怎麼做？
More	理解了思考系統的方式之後，你可以無限變換運用在更多地方

Key Words 為你的問題設定關鍵字，填入生態系統鏈吧！

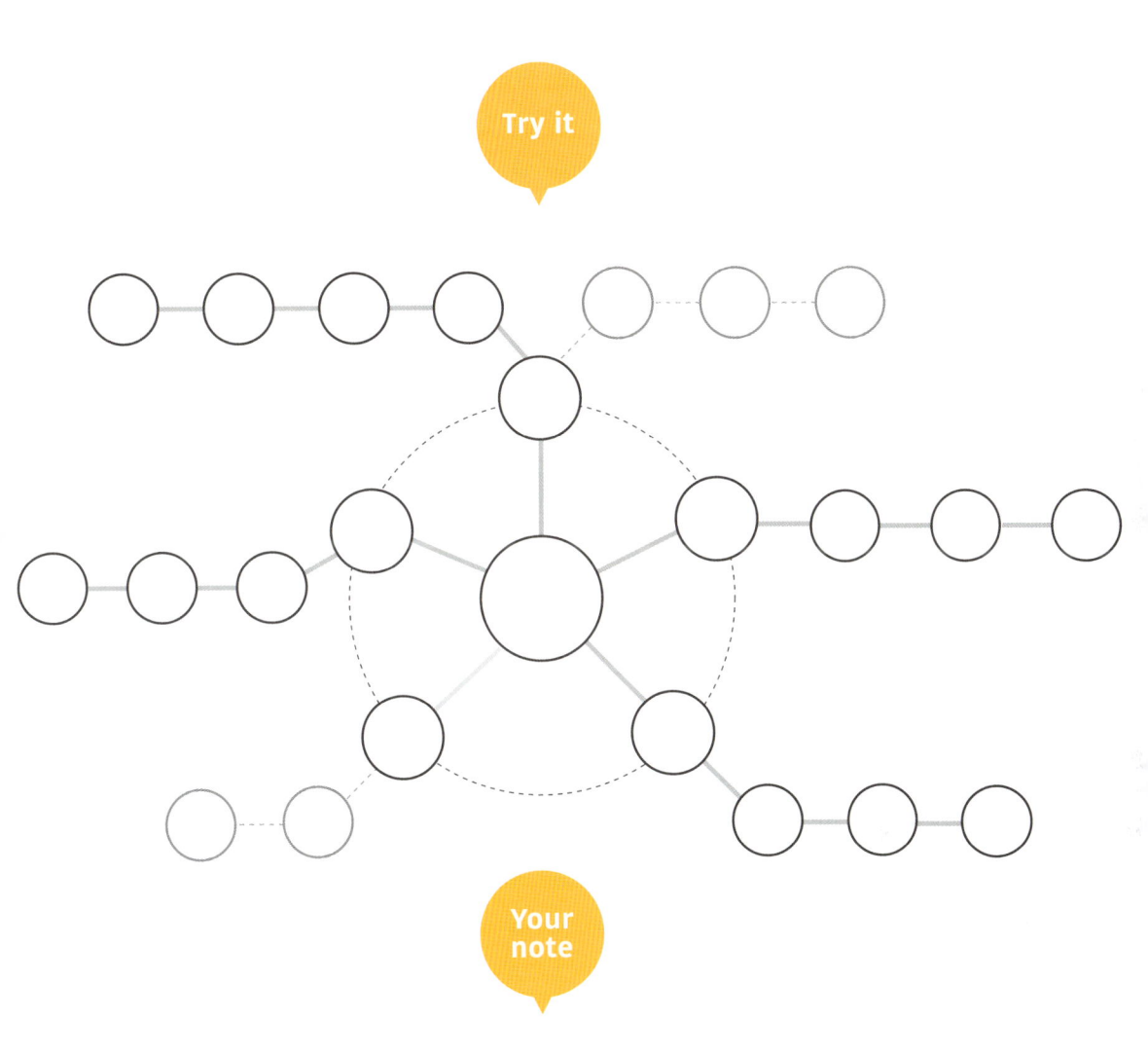

Try it

Your note

Eco-system of the brand

品牌的
五度五覺

The Presentation of the
Five Senses of the Brand

五度的創造

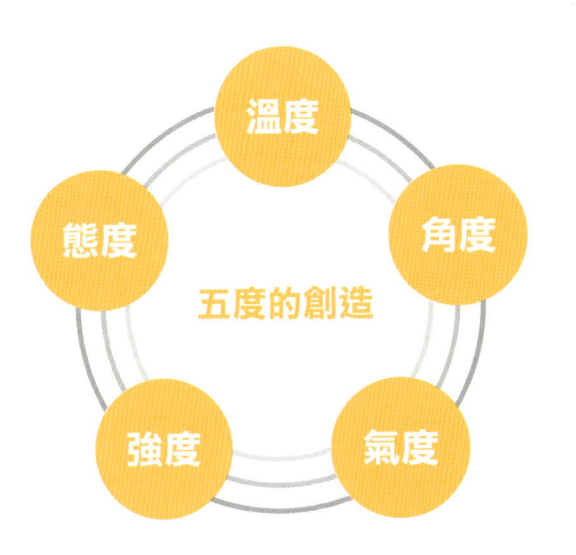

- 溫度
- 角度
- 氣度
- 強度
- 態度

5X5的角度塑造　內

在品牌企劃整合中，我們分為內部五度與外部五覺塑造。對內透過合作的互動，找到對話中隱藏的各種重要訊息，彙整成品牌最初設定所需的五個重要角度，其分別為：品牌塑造的溫度、之於市場所建立的角度、之於競品中所展現的氣度、之於消費者所接收到的態度、與整體內外展現強度等，最後透過有形的設計傳遞五種無形的角度塑造。

品牌五覺的萃取　外

心覺是設計最終的歸屬。對外所要傳遞的品牌感受中，則為設計實際傳遞到消費者眼中和心中的感觸。要打造有意義、有情感的設計，需要了解消費者心裡情境，之後創造適合的設計呈現，再來透過消費者實際接觸品牌之後所連動的心中感受，而塑造品牌對外曝光的真正品味。最後透過人與人之間的信息傳遞，以各種平台的曝光，來展現品牌五覺的最終美好效應。

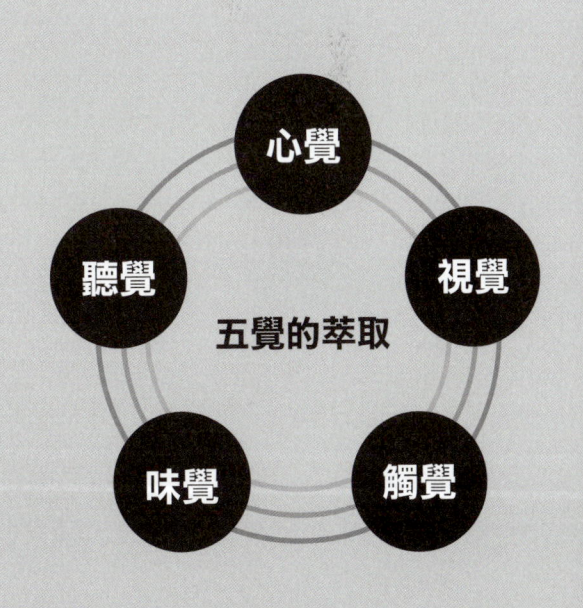

五覺的萃取

- 心覺
- 視覺
- 觸覺
- 味覺
- 聽覺

BEFORE THE BRAND
OUTSIDE THE DESIGN　052

品牌的
兩種視角

Two perspectives of Brand

品牌的企劃與設計分內外兩種不同的視角，一個是對內的整合邏輯策略、一個是對外有形的價值累積。

很多時候品牌的成就或一個產品賣得好不好，並不是單一事件或者單次活動多有特色就能評論成功與否，而是在策略中的每個計畫、每個活動、每個樣貌有沒有依照企劃路徑，按部就班的將當下的任務發揮好，有邏輯的策略會是累積品牌成就最好的養分。譬如，發生在我們生活中的各種特價優惠、打卡活動、集點兌換、包裝改造等等，都很適合分析這些事件背後所隱藏的訊息喔！當我們能從生活中拆解一則新聞的意義、一項產品的長紅、一個大排長龍的活動所蘊含的策略，也就能套入企劃樹狀圖，進而理解品牌企劃為何需要有邏輯性的執行。因為所有的結果都是過程中一步步計畫和累積才能成就的，而這些步驟也都會有內外層次的相同階層呼應。

存在的階層式樹狀企劃構造：

樹狀結構的開端	=	Root 根	=	品牌本身
策略的基本單位	=	Node 節點	=	企劃執行項目與分類
節點的支線連結	=	Branch 支線	=	串接企劃的脈絡連結
擴張的五感節點	=	Nutrient 養分	=	準備對外曝光的態度或樣貌

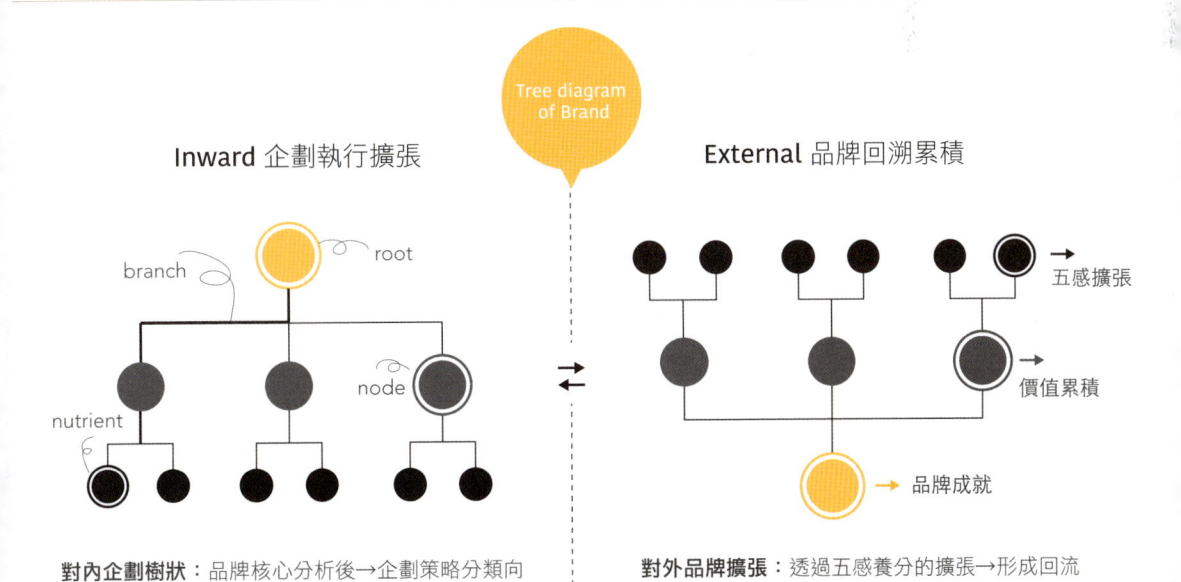

Tree diagram of Brand

Inward 企劃執行擴張

branch
root
node
nutrient

External 品牌回溯累積

五感擴張
價值累積
品牌成就

對內企劃樹狀：品牌核心分析後→企劃策略分類向下延伸→擴張成為未來累積品牌的養分

對外品牌擴張：透過五感養分的擴張→形成回流價值的累積→達成品牌成就

打造獨特的
品牌DNA

BRAND DNA

BRAND DNA = 生物基因遺傳的品牌仿生形容

誠品集團創辦人吳清友曾說:「KPI很容易比較,但DNA很難追尋。」

這句話總是很常出現在我們與品牌經營者的會議討論中。或許對企業的KPI值並不陌生,這個名詞意味著企業績效指數,理性的產品KPI因為有數據值,所以很好比較也容易被討論,往往在品牌經營的路上,時常會執著於數值探討,把各種理性的成本分析、利潤分攤作為最在意的事,而忘了產品的外表樣貌都可以被山寨冒充,但品牌真正的靈魂才是最難被模仿和複製的。

假如我們以分子生物學的角度來形容的話,品牌就像生物細胞內繁殖遺傳且延續到下一代的基本單位DNA一樣,因此品牌DNA重要的資料建立,包含企業性格、靈魂態度、內部組織等等核心價值,而我們必須從更深層的情感面進入策劃,才能找出品牌獨特的元素,也只有徹底打造獨一無二的品牌基因結構,才能創造品牌價值的根源,而不被市場淘汰。

為什麼要創立品牌,而品牌的未來要往哪裡去?

跟風簡單、堅持不容易!品牌態度與情感塑造是最高的經營智慧。

就像紅極一時的蛋塔效應、黑糖珍珠奶茶等,今天研發出來的產品,明天就有人跟進了。今天創造的行銷方式一下子就有人如法泡製了,但最後有機會留下來的始終是經典的原創。因為外表可以模仿、東西可以再版、商品可以複製,但是個性是很難取代的,而同樣一套成功的模式也不可能完全copy在另一個品牌上,因為每一個經營者的性格不同,即使採用同一套方針所呈現的結果也會截然不同,就像字跡可以模仿,但下筆的力道和輕重卻永遠無法一模一樣。

身處極度競爭的市場環境中,流行讓人迷失在數值競爭中,每一刻都無法鬆懈,只能想盡辦法往前進,當有空閒的時候不妨停下心中快轉的腳步,好好回顧曾經經歷的一切、一路走來面對與改變的過程,那些歲月在經營中所累積的故事與情感,一定能成為品牌獨有的價值,再想想未來應該用什麼樣的姿態,讓這一代、下個世代的人繼續記著品牌內在的好:)

DNA (Brand) → 靈魂 (Soul) → 情感 (Emotion) → 價值 (Value)

設計前
要做什麼？

What to do
before your design

設計前導
先整理後策劃

\# 什麼是企劃？企劃聽起來好像很難，但我們直白一點的說，其實所有需要動腦想一下、思考一下的事都算是企劃。

我們每天起床會先刷牙、搭配衣服、思考早餐及出門路上的過程，這些每天都發生在我們生活中的事情，不知不覺中其實都成了我們思考企劃的日常。所謂的創意企劃，就是整合你身邊所有看得見的小事，重新融合成有條理或者新的事，而學會企劃和設計的思維，就更能理解生活中每件事情所帶來的不同訊息，也能自由的延展擴張，然後整合成腦中、心中所建構的新樣貌。

企劃是所有事情的開頭，是開始設計之前很重要的步驟。或許我們總以為美感可以解決一切問題，譬如，曾經我們在設計前導溝通過程中，詢問客戶為什麼要改產品形象設計，客戶回答：「因為現在商品賣得不太好，所以希望透過設計美化產品外貌，如此業績應該會提升！」但當我們要繼續探索原因，面對那接踵而來的深層問題時，可能就會得到「這交給專業的，讓你們幫我想一下吧」的答案。

其實在設計之前，雙方一定要徹底了解準備執行的品牌或產品的價值、初衷，而那些需要協助想一下的項目像是：「品牌／產品名字是什麼、要怎麼賣、在哪裡賣、賣給誰、定價多少、想要透過設計傳達什麼樣的訊息給消費者、想要在市場上建立什麼樣的狀態等等的問題」，這些都稱為企劃，是需要透過有邏輯且有跡可循的計畫方針，來確立我們要設計的項目會走在正確的路上。

千萬別小看設計前期工作，例如體察客戶心理、了解品牌角色、我們賦予的設計故事情節、設計後期展現的張力，最終融入客人心中等等都是非常重要的，而多數的案例往往會略過前面最重要的覺察與計畫步驟，直接進入設計，所以也時常會發生各種提案不喜歡、設計不對味、感覺說不上來的改稿漩渦。

\# 企劃讓設計不只是因為美而做，更是為了意義而產出。

設計的意義包含了設想計畫，「美」只是其中一種呈現方式，而設計概念、元素、風格、編排、美感也都因為有妥善的企劃，才能做出符合品牌或產品的態度與調性的設計。進入設計之前，我們擅長也必須去做的，是將如黑洞般陌生的專業術語，用客戶能理解的形容詞說出來，這樣才能在討論過程中更順暢的建立共識，而不會彼此僵在會議桌上，只為了心中各自表述的堅持噢！

設計情緒
弦外之音

The emotions of design

設計之前，先讀懂品牌中深層且無意識的隱藏訊息。

傾聽是累積合作好感情緒的良好途徑：客戶為什麼需要設計、客戶為什麼換了設計公司、原先的產品包裝為什麼需要改變、為什麼要推出新產品、企劃創意怎麼提都沒有正對客戶喜好……其實執行新的案件就像認識一個新的人，要先有互相了解的過程，才能知道對方的需要和喜好，設計的合作也是。不管是為了什麼原因而需要設計，身為設計方都必須明白，所有的改變都一定有原因，站在客戶的立場探索背後重要的問題，並且根據品牌所累積和發生過的事件，撥開表皮層、了解內部蘊含的弦外之音，才能解決設計要處理的真正問題點！

關於品牌事件：所謂的事件在品牌系統裡面，占著相當重要的角色，因為所有改變、創新和再造的原因都跟曾經所發生的事件有關，各種事情的發生也影響著品牌未來的發展，譬如：產品需要重新包裝設計是因為競品的關係，還是單純時間到了需要換件新衣？這些看似不重要的事件，其實正是設計是否能準確擊中客戶的關鍵，唯有知道真正要改變的原因，理出訊息底下蘊含的弦外之音，聽懂客戶傳達訊息背後的真正意義，才能提出真正適合的設計。

是感性深深影響客戶決定提案的情緒，也是感性影響消費者的決定。

很多經驗告訴我們，客戶時常會說：「在設計你們是專業啦，你們只要在意好不好看，可是我有我們的立場啊！」其實很多時候不是對錯問題，而是立場不同。客戶有客戶的立場，設計端有設計端的考量，如果一直都是平行的走各自的思考路徑，那麼合作就很難有交集了，所以在意經營者的情緒感受，就能逐漸軟化各自立場不同的對立，讓客戶願意傾聽你基於專業立場而提出的設計解決方案，其實是一種感性的說服，人們不會與自己看法相同的人作對，所以從會議**對話時的態度、互動時彼此的立場理解、設計前的共識達成**，這每一步只要都能達到，也就不用在提案的時候，講得臉紅脖子粗了，因為情緒好了設計就成功一半了，同樣的，有這種良好共識而產出的作品，消費者一定也會感受到。

設計溝通
先從感性傾聽開始

☐ 經營者情緒感受
☐ 品牌發生訊息傳達
☐ 經歷的事件細節歸納
☐ 拆解事件來由與元素
☐ 聚焦設計解決的問題
☐ 軟化與客戶端的態度對立

有形訊息
無形連結

:

Design System

\# 設計系統就是將品牌無形的訊息和有形的內部元素連結起來,讓這些事物可以透過設計的連接,帶領品牌往前。

任何設計都會有目的。譬如:「改善產品包裝是為什麼?」、「品牌LOGO要重新設計是為什麼?」、「傳產要轉型是為什麼?」、「創立一個公司是為什麼?」、「開一間店是為了什麼?」,這些需要被設計的背後一定有需要傳達的精確目的,無論是希望提升業績或者只是時間到了需要將視覺更新,或者因為各種市場競品的關係,迫使品牌需要改變等等。

我們在設計之前必須將這些訊息串連起來,才能有效的產出設計策略與文案企劃,最終讓品牌對外的傳達變得簡單。假使品牌經營者不管所有的設計流程,讓各個環節各自設計、互不串連,那麼最終的設計或許好看,卻無法讓整體設計更有價值。

所以無論是設計端或者是品牌經營者,我們都希望能向每個合作夥伴傳達溝通的重要,讓彼此理解事物串連的關鍵點,確保有形的「產品、形象」和無形的「品牌態度與人」能夠互相連結,協助產品在市場上有效曝光。如果連結的方式有誤,或者在設計之前並沒有準確的傳達,那設計呈現的方式可能就無法發揮作用,也因為這樣,所以在設計之前需要企劃策略,需要在有秩序的邏輯裡面,去創造各種不同的全新樣貌,這就是設計的思考系統,也是設計發展的基礎。

連結 LINK　is　無形的事物 Complex message　＋　有形的設計 Effective induction

連結這兩個字,是設計中最重要的存在,而我們透過各種有形與無形的連結,找到品牌的價值。

聽、說的美好互動

Communication & Interaction

聽　BALANCE　說

\# **想要不等於需要。好好的聽、好好的說，才能產出好設計，品牌也才能好好的與市場溝通。**

設計有太多的「想要」，但是想要≠需要，要做好設計先從聆聽與對話開始。聽跟說是品牌想要長久經營、企業想要良善運轉的重要維繫關鍵。能透過合作開啟良好的對話與溝通，也等於是協助品牌做好設計之後，可以良善的跟市場消費者溝通。因為聽跟說是對話的開始、是溝通的基礎元素，沒有瞭解就無法做出令人欣喜的作品。而每個職業、角色都有其專業以及跳脫不開的邊角思維，往往這些邊角思維就會影響著設計的觀點。例如：「想要一個獨特的LOGO，品牌就可以引起消費者目光；想要重新設計一個產品的包裝，或許可以讓品牌一炮而紅；想要一個酷炫的產品，品牌就會爆紅吸金⋯⋯」每一個「想要」確實都是一種設計執行的方式，但在此之前我們需要思考的是，真的需要這些嗎？好比買了一堆想要的衣服，穿上身才發現，原來這些都不適合自己。真正的「想要」必須透過聽、說的互動溝通，去串起彼此之間的聆聽與對話，讓品牌與設計兩者之間編織起共同的語言，再經由有效整理、好好分析，來協助各種經營者心中的「想要」成為真正的「需要」。

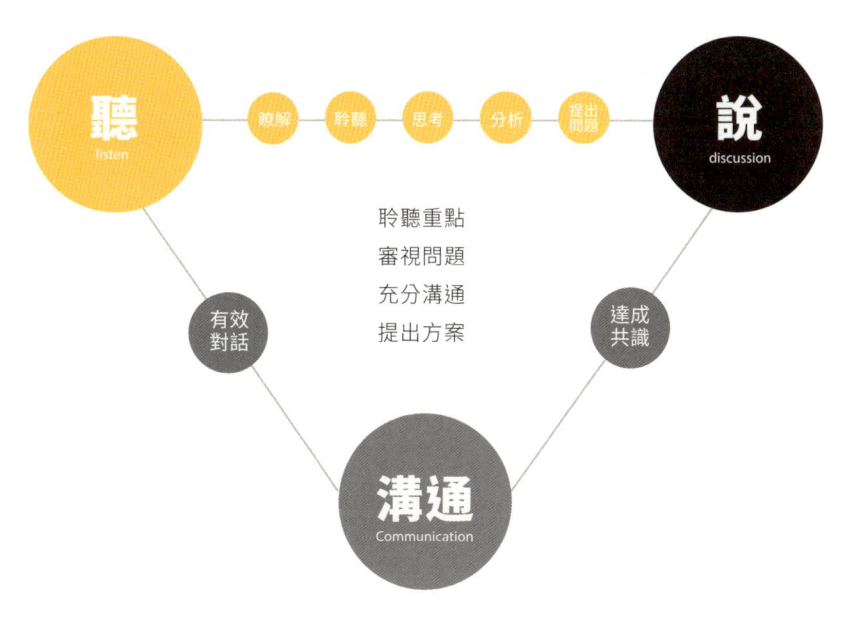

聽 listen　瞭解　聆聽　思考　分析　提出問題　說 discussion

聆聽重點
審視問題
充分溝通
提出方案

有效對話　達成共識

溝通 Communication

從0到1的產品計畫

Listing plans
from 0 to 1

從0到1的產品
上市共生夥伴

除了設計，我們喜歡從對話中發現問題、探究問題、討論問題，也因此累積了團隊擅長溝通和分析的能力而給予設計更多意義，並且用淺顯易懂的已知知識，解決各種案件中所遇見的未知問題。我們也輔助合作客戶一路從產品研發到上市。產品研發是品牌維持實際營運的重要利潤來源之一，研發新品更是一層層創造、修正與落實的流程，然而「落實」正是各種難題變化與整合應變的開始。從產品關係鏈廠商聯繫（內容物研發設計、拍攝、樣貌、條碼、檢驗）、研發進行、包裝設計、視覺周邊、成本解構、上市解構（經銷商尋找、平台上架、交貨聯繫、海內外的定價策略、出口方式）、上市後續行銷方式、所有時程控管聯繫都屬於設計陪同的一環，在完善的企劃策略、視覺設計之外，我們也陪伴品牌經營者從無到有的開發創造，然後再繼續修正落實直到美好。

What are we doing

- 產品研發計畫統籌
- 產品營銷企劃
- 宣傳概念企劃統籌
- 產品上市曝光
- 包裝設計企劃
- 後續追蹤修正

從無到有 — 從有到美 — 從美到好

用企劃思維建構問題，
再用設計觀點解決問題。

為什麼要設計

Why design

尋求設計之前，是否想過我要設計什麼和為什麼要設計呢？

「您好！我們要開店成立品牌，所以需要一個LOGO和形象」、「您好！我們有新產品，所以需要包裝設計和其他周邊延伸」、「以前有設計過但好像不太適合，所以我們想更新形象」……我們常常聽到這樣的要求。

設計什麼、怎麼設計是所有品牌與企業經營者需要理解的開端，當然更可以透過與設計方第一次的諮詢，來瞭解自己需要的是什麼，因而量身訂製屬於自己的設計方案。每個經營者需要的內容都不同，而我們所對應規劃的設計解決方案也不會一模一樣。以往我們遇到多數客戶針對品牌或開店建構的第一步，會以產出LOGO為主要的設計訴求，因為LOGO對於品牌來說確實是最重要的存在，也因此我們時常面臨到客戶來尋求設計合作時，總會以「我想要先做一個LOGO」為合作開端，但即便我們將品牌單純的簡化成視覺問題討論就好，可品牌偏偏不只是一個LOGO，更涵蓋著許多故事與周邊形象。

其實LOGO本身的塑造與建立涵蓋了很多靈魂與故事，並不是單純只有圖形而已。
這幾年遇到非常多的案例，在初步溝通時發現，有許多客戶曾經花費時間和心力打造品牌的周邊設計，但實際執行和使用過一段時間後，開始感覺到不太適用，於是又重頭來過一次整體設計再造。

在這樣的案例下，我們試圖去分析、了解為什麼許多客戶花了費用在設計上，走了一段時間卻發現不適用。也因此當合作開始後，無論大小專案的設計執行裡，我們與業主溝通的第一點便是從客戶所詢問的「幫我設計」扭轉為「為何而設計」。從這個轉變裡面，我們不僅能透過傾聽靠近業主的想法，也能整理出各種需要設計的案件中，所藏著的大量無形訊息，之後透過解構達成共識，產出一套真正適合品牌的設計方針。

? 設計什麼
DESIGN WHAT ?

and

透過設計前的
分析和討論瞭解

? 為什麼設計
WHY DESIGN?

單一視覺
與多重視覺

Single vision and multiple vision

人在單一視覺停留與多重視覺時，感官感受是不一樣的！

設計是需要時間醞釀的。
關於形象設計： 我們發覺問題在於客戶端一開始是單純的想要一個LOGO，簡單的運用在名片或是招牌上，多數情況我們或許覺得一個LOGO，就可以解決品牌建立的問題，但其實當客戶真的只得到一個LOGO的時候，是沒有辦法去想像該如何運用在品牌周邊延伸的東西，例如：產品、包裝、提袋等等，甚至更複雜的相關形象。因為人在單一視覺停留與多重視覺時，感官感受是不一樣的！

這時候客戶心中開始會產生「我當初選的LOGO好像不太好用，可是明明當初看的時候覺得蠻好看的啊！」等等的困惑，而導致一開始選擇的形象無法妥善被使用，像這樣的案例在我們執行時所遇見的比例是相當多的，也因此希望改善客戶對設計需求的目的，去理解背後的真正原因。

設計是：傾聽、理解、執行、視覺呈現，而美是所有形象的價值彙整。
存在設計執行的設計方針中，無論案件大小，即使客戶一開始的需求只從單一LOGO開啟了合作話題，我們也會透過充分的理解，再以美感輔助品牌，連帶執行周邊的各種延伸、模擬真實狀況去協助客戶，而非單一接收客戶需求，給予單向的回應。

所以當我們以溝通為前提、以擴大品牌形象的周邊為輔來協助客戶，也就更能清楚明白自己需要的整體性思考是什麼、未來品牌運用又會是什麼模樣，透過已知的畫面，傳遞客戶未知的想像，讓客戶心中模糊的畫面變得清晰，這些才是一起合作的價值，也是設計存在的美好意義。

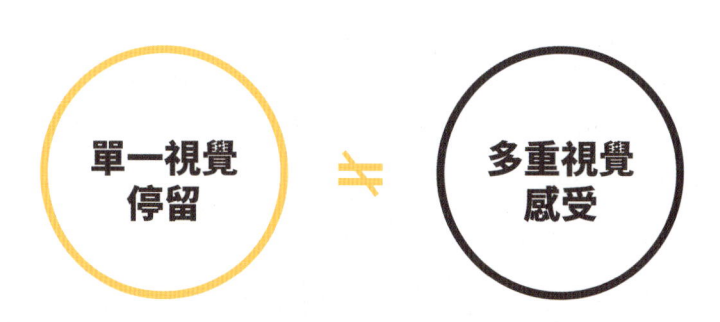

單一視覺停留 ≠ 多重視覺感受

設計的
溯源管理

Management of the design

\# **很多人説設計是天馬行空，但對我們而言設計是一連串具有分析價值的溯源追蹤。**

真正的訊息和問題都隱藏在對話裡，所以當設計方同時也身兼良好的溝通者時，就能正確引導客戶進入深層的訊息傳達，來輔助設計有更完整的視覺解讀。

設計溯源管理中最重要的關鍵是引導。多年來存在設計累積了具有參考價值的設計前置作業數據資料，透過大量與客戶溝通的過程裡，我們整合了許多品牌相同問題之處，最終再用刪除整合法來提升設計主力，而設計前導溝通所得出的細節越多，視覺呈現的層次也就越顯豐富。

古埃及曾有句話説：小宇宙會反映大宇宙的樣貌。視覺美感的溯源起點是從雙方互動中的聊天，來分析抓取資訊與元素，再從中洞悉各種訊息關鍵點、串接所得知的關鍵後透析整合，這一連串的回溯就如同設想計畫過後提出的設計策略，輔助圖文變得更美、更有意義，這才是設計真正的本質，更寬廣而言，事實上，設計本身涵蓋著發現問題、解決問題，進而透過思考分析，讓所有視覺、圖文、品牌感官都顯得更有意義。

舉例來説：人們每天醒來要設計自己一天的生活，幾點出門、穿什麼衣服、走哪一條路出門，而思考過後穿上衣服那刻，其實衣服的美醜就只是最末端的視覺美感呈現，但當有人問起，為何你今天穿這件衣服時，那瞬間湧上的回想代表你正回朔思考的過程。而溯源理論寬至各種行業、工廠運作、產品生產，小至我們生活周遭做的每一件事情，其實都蘊含著各種設想計畫。

品牌設計是 Branding Design is　is　理念溯源 Philosophy recalling　+　視覺呈現 Results test

存在設計的溯源管理
讓每個視覺、細節都說得出為什麼

所有設計都是有原因的，最根本正是為了解決品牌或產品遇到的某件事情或某個變化，而引導經營者或跟品牌相關連的人尋求設計改變，至於有序的溯源分析，正是讓品牌價值得以被保留，且明確對外傳達的設計前導要素。

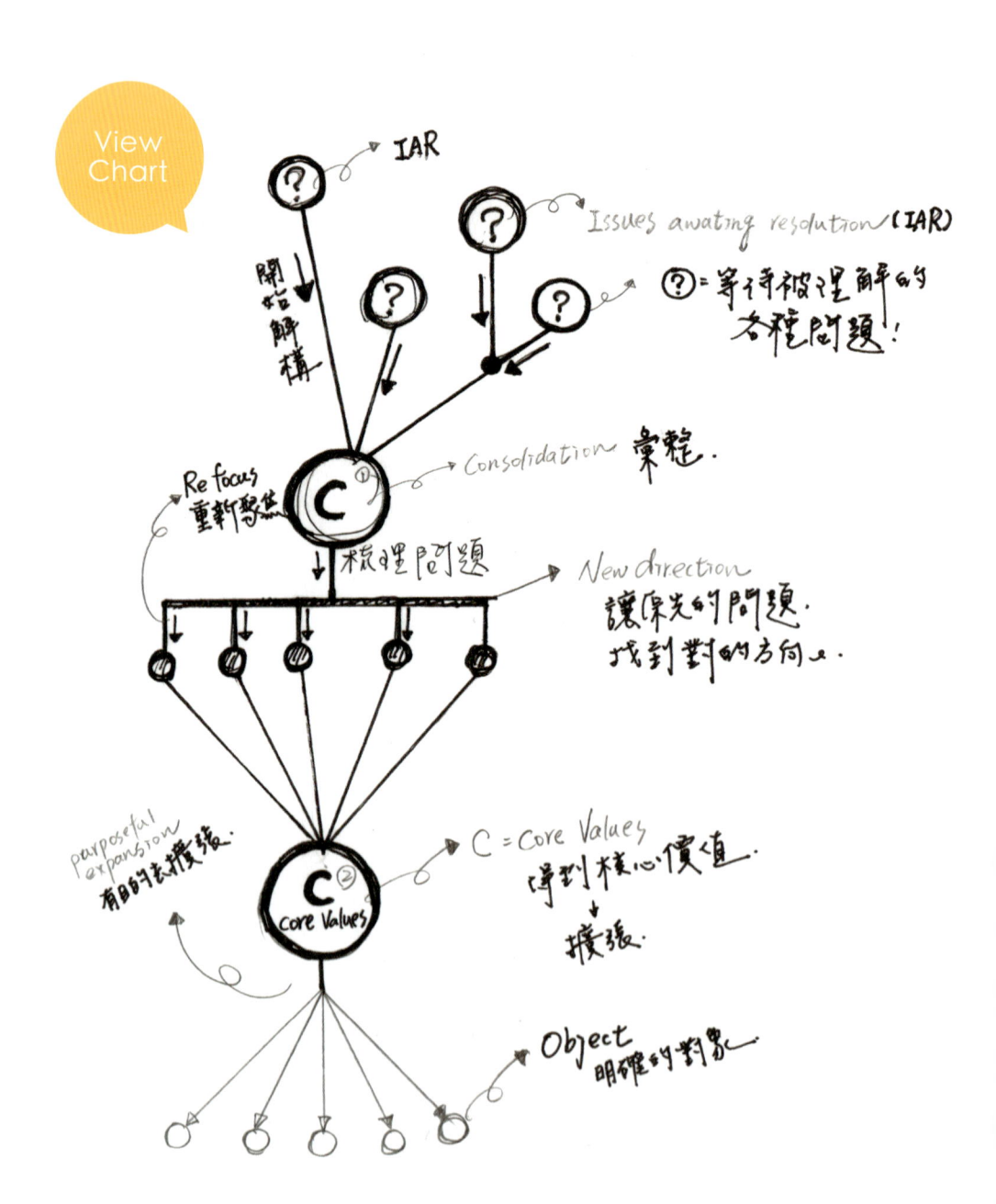

View Chart

IAR → Issues awaiting resolution (IAR)
? = 等待被理解的各種問題

開始解構

Re focus 重新聚焦

① C → Consolidation 彙整

梳理問題

New direction 讓原先的問題找到對的方向

purposeful expansion 有目的表擴張

② C = Core Values 得到核心價值 → 擴張
core Values

Object 明確的對象

從CONSOLIDATION到CORE VALUES
品牌細節的擴張 ＝ 存在設計細節溯源的雙C法則

細節怎麼來？設計又該怎麼溯源呢？在開始設計之前先理解整體的脈絡，而所謂的企劃，就是整合所有接收的大小事，然後重新詮釋。企劃不只要有想法，更要完善的整理所有想法，而且還包含了具體的解決對策，像是定位思考、設計策略、設計創意、元素創造、編排結合、一直到主視覺成立的起承轉合，都是整理細節、然後擴張視覺的過程。

For example：

What are we doing

○ 案件資訊分析與重點整理

○ 企劃與訊息邏輯串接力

○ 設計與視覺起承轉合的張力

C CONSOLIDATION & **C** CORE VALUES

設計的溯源等於品牌細節的擴張

BEFORE THE BRAND
OUTSIDE THE DESIGN
074

存在的
化繁為簡

Less is More

存在的企劃系統和設計邏輯：
用簡單的設計，呈現複雜的品牌訊息。

當我們把設計分成前、後，對於前置企劃和後端視覺設計成一套完整的系統時，
也就能解決品牌內外連結的一些問題。

綜觀現今社會，因為資訊非常多且取得便利，所以每個品牌對於想傳達的理念、核心、想法等，都是很豐富並且多元又有層次的，但站在設計的角度來看，單純就視覺而言，是不可能把所有複雜且未分析的資訊呈現在設計中。所以對於設計而言，最大的任務是如何利用純粹的圖像或是重點式的文字，透過精準的策略，精確地傳達出品牌或是產品想要傳遞的核心價值。

每一個人對美的解讀都不一樣，但美是設計的基礎呈現，然而這一連串繁複的解析是產品直達消費者心中最重要的過程，更是產品透過設想計畫讓大眾理解的過程，因此在設計最末端視覺的執行核心，便是以化繁為簡為最重要的訊息整理方針和設計來呈現。我們透過設計前導的溝通與了解，將客戶的資訊分析後，重組訊息裡面的各種隱藏內容，最後再找出最適合的方式去呈現，利用精準簡約的視覺語言使大眾在產品理解上更加容易，讓每個設計案件無論從什麼角度去讀取、觀望、聚焦、發散，都能以最快的方式被意會，卻又能在細細品嚐之後，發現設計中所蘊藏的大量故事與深層語意。

Less is More，用系統化的設計思維解決設計前的問題、用簡單的方法來歸納品牌中所有複雜的訊息，不僅是存在設計視覺體現的核心，也是品牌視覺中最重要的環節之一。

複雜訊息
Complex message

=

有效歸納
Effective induction

設計的意義在於
面對複雜的問題，能用
簡單的方法面對。

設計思考
的步驟

Thinking OF
EXISTENCE DESIGN

設計本身包含
設想與計畫

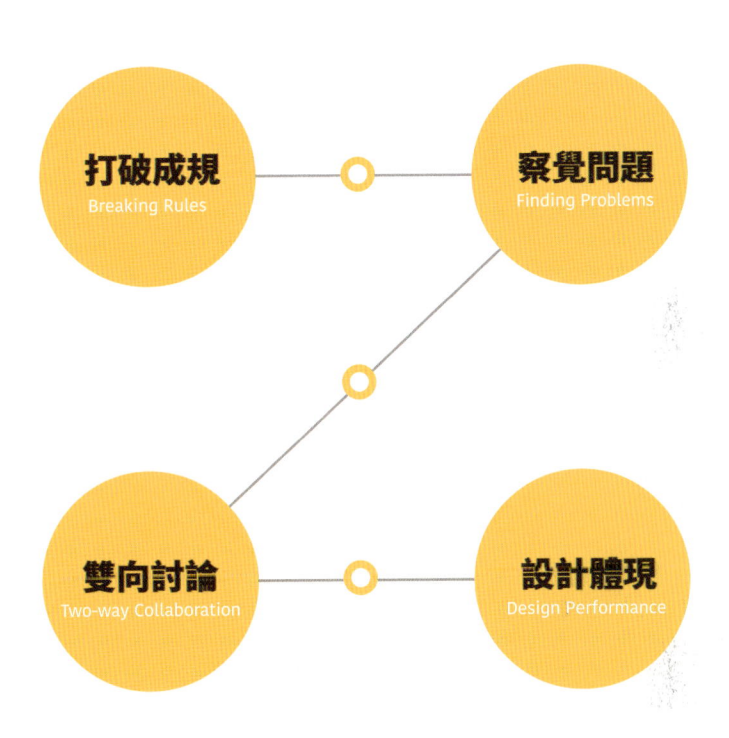

- 打破成規 Breaking Rules
- 察覺問題 Finding Problems
- 雙向討論 Two-way Collaboration
- 設計體現 Design Performance

設計思考其實等於重新擬定問題

設計前期工作的重要性：不要小看前期工作，視察客戶心理、了解品牌角色、我們賦予的設計故事情節、設計後期展現的張力，最終融入品牌或產品核心價值。設計的意義在於面對品牌內部核心，在美感體現之前先重擬問題，然後解決問題，創造新狀態。無論是品牌設計、品牌再造、傳產轉型、產品上市、全新品牌，所有設計都來自於想要改變現況、創造新的模式和解決某些問題。

產品的穿衣哲學

Dressing philosophy
(Eye-catching favorable packaging)

\# 所謂包裝的表層定義，可能只是一個外表有沒有化妝、衣服是否穿得漂亮的評論而已⋯⋯

如果暫且不談產品內在開發的話，對於產品外表的包裝設計大約可以分為幾個面向：結構和材質、品名文案與Slogan、顏色、用字、版面編排、元素細節、視覺動線、產品特點展現或品牌態度訴求、市場討論度、消費者喜好度等等。所有前導的溝通、設計計畫、美感呈現方式，其實都是在確認上述所提的方向是否正確，但包裝設計對一個產品或品牌推出市場的成功與否，並不可能做出健全且完美無瑕的保證。意思就是說：包裝對於產品的成功有一點關連，但是做了一個完美漂亮的包裝，並不代表產品就會賣得動、賣得好，既然如此，為什麼還要做包裝呢？

\# 喜歡美的人事物是我們生活裡自然而然的選擇，所以如果你的產品很棒，再透過包裝設計去提升整體的視覺氣質，來拉近消費者心中的好感，那就會是個內外加成的好設計。

沒有人做的，有時就是一種成功的破口。譬如，在還沒有暢行產品內外美兼具的時代裡，讓產品本身好吃、好用是最重要的事情，產品包裝設計更不是當下需要被在乎的行銷訴求點，但當所有產品的品質都已經站在同一條水平上時，此刻如果有一個產品的樣貌或者包裝特別與眾不同，那它就有可能成功地製造消費者購買話題、記憶度，也比較容易成功引起討論。然而現在市場琳琅滿目的美好設計，代表著我們所處的環境已經漸漸將生活中所接觸到的產品之美學視為基礎，人們生活水平漸漸提升，接觸的資訊越來越多，不只要東西好用、好吃，也希望外表能體面、符合產品訴求，更寬闊一點形容的話，其實市場循環中的每個人都身兼著理性審視產品和感性品味產品的角色呀！包裝設計代表著產品外貌，產品內在開發完畢之後，如果能成功讓產品外在視覺精緻度提升或者與其他競品做出差異化，就會是一種好的吸引目光方式。

\# 能抓住目光的好感包裝，是天時地利人和才有的適合之作。

沒有最美的包裝，只有此時此刻最適合的設計。每個品牌、產品所要傳達的訊息都不同，我認為好好的生活、好好的體會所有日常的細節，然後用對的方式去歸納，就能有效地在生活中、設計中，盡情推理和揮灑所有會令人感動的元素，包裝所追求的不是最美，而是具有意義與敘事的設計，而最適合的設計更是從溝通、對話、理解和生活所萃取出來的，透過策略企劃去演繹，最後我們才讓視覺來說話，讓客戶和市場用最直覺的感官，打開心去感受設計想帶給心裡的真實感受，所以包裝永遠沒有最美的樣子，只有最適合的樣貌！

設計像水
品牌是杯

:

Design is like water
brand like container

設計解構三重奏，解鎖客戶喜好之外的真正感受。

偶爾我們也會遇見客戶説：「我是看你們哪個作品來的，我也想做得像那樣，我喜歡那個風格！」我總會説：「謝謝你喜歡，但我們應該要打造的是屬於適合你品牌的專屬風格，因為每一種品牌狀態和經營者的個性都是無法複製的，而你一定有屬於你適合的樣子！」其實十個客戶可能有七個並不知道自己該如何陳述真正要的是什麼，只能透過對某種似曾見過的產品外表或者他平常喜歡的東西，來傳達可能想要的樣貌。而我認為設計是協助企業和產品累積形象好感度的幕後推手，因此前端溝通者更應該透過對話的引導，來解構客戶訊息內層的真正感受，之後重整訊息碎片，才能詮釋出屬於各種品牌專屬的感覺和樣貌。

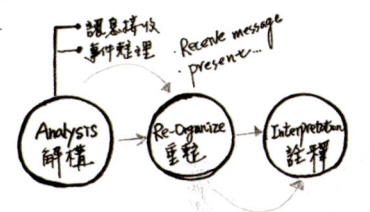

設計者就像水，而每個品牌就是各種不同樣貌的杯子和容器。

設計師或者公司是否應該要有自己的設計風格呢？我想這個問題並沒有標準解答，也許所謂的風格也分外在的視覺感受和內在的心覺感受。就像我們到了迪士尼，對於裡面每個工作人員的親切態度，可以解讀為那是迪士尼歡樂的風格！而到星巴克買一杯充滿生活態度的咖啡，那也是一種品牌的風格。應該解讀的設計風格是一種質的內在狀態，而我們透過視覺直接反映了心中的喜好，或許可以概括而言：喜歡的是設計最後呈現的結果，不管是簡約的、有感情、還是某句文案打動你了……但你真正喜歡的可能是設計背後執行的態度和方式，只因為是透過視覺的接觸而引起心中的欣賞和喜歡呢！

所以囉，我會這麼説：其實設計像水，擁有自己獨特的內在態度，可以游刃有餘的面對和包裹各種企業主、各種品牌個性，如果每個不同的企業和品牌就像各種不同形狀樣貌的杯子的話，將它倒入各種形狀的杯子時，都能適應那個容器的狀態，呈現每個容器最美的樣子。

解構　□品牌／產品意義透析 → □溝通引導 → □文字解構

重整　□創意核心概念發想 → □設計元素構成 → □主題視覺 → □文案創造

詮釋　□外型結構 → □色彩計畫 → □視覺動線 → □版面編排

訂製設計的
美好旅程

:

Create a unique
design journey

設計合作其實也是種消費體驗，而與經營者一起打造設計攻略，是品牌旅程最棒的享受。

我們都有旅行的經驗，如果將成立品牌、開發產品、找尋設計比喻成一段旅程，從確定旅行目的地、飯店住宿、食物餐點、交通行程、沿途景點等每個環節的規劃，其實都是旅程的一環，就好像設計並不是打開電腦上機作業那刻才叫做設計，從前置的溝通、企劃就已經是設計的開始了。同樣的，品牌要成立，必須確認最終的目的地、在哪裡賣、要賣給誰、搭配什麼行銷，這些環節也都涵蓋在設計中，而找到適合自己的設計團隊，一起討論設計攻略是品牌旅程最首要的任務。

每個地方都一定有人喜歡、每個產品也一定有人要、每一種行程都有人買單，就像有些人選擇跟團旅行，省去了時間也不用費精神安排行程，也有人喜歡自己安排自由行，或許在過程中會繞了遠路，也可能到了目的地之後會迷失在某個地方，又或者花費了許多時間才到達目的地，但這就是旅行的一環啊，因為人生呀，沒有走錯的路，只有走遠的路，沿途遇見的風景或許也有意想不到的美好！

設計像是私人形象總管，幫你訂製一段美好的品牌旅程

不過設計不同，在設計的旅程中你沒有非得二選一的狀況，因為每一個專案都必須合力完成，而設計者其實像是品牌的私人形象總管或設計旅行的高級私人顧問，身兼的任務是為品牌經營者訂製設計的策略方針，在過程中從最初的零散訊息直到末端整合呈現，由設計端專注設計目的協同理解品牌想去的地方，透過企劃溝通響導與一連串良善的分析與經驗、對話與互動，來協助擬定合適的設計策略，陪伴品牌經營者啟程前往目的地，讓品牌經營者不用獨自迷失在偌大的市場中，而品牌經營者更可以透過合作過程，來理解更多關於設計的思考便利工具和方式。

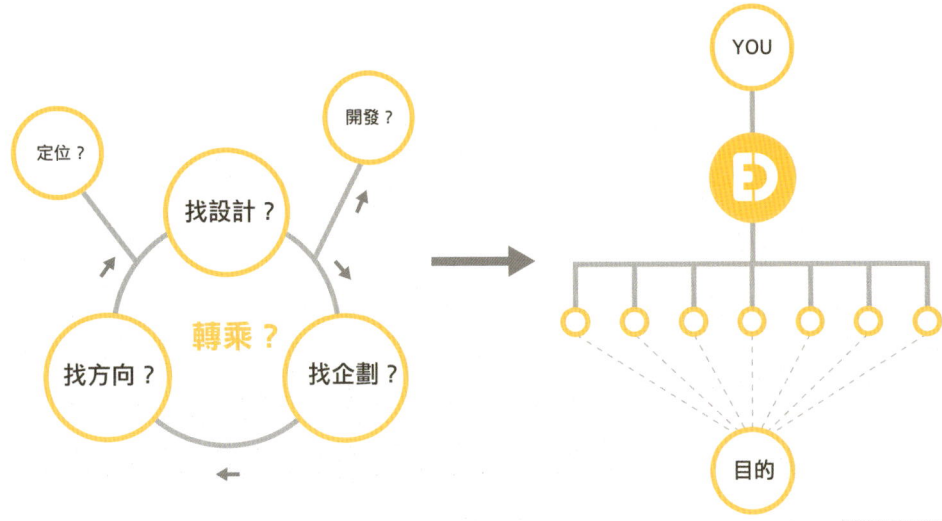

ONLINE
提案心理學

Online's proposal philosophy

\# 提案的起承轉合就像演繹一場電影、演唱會、音樂劇一樣，要完成一場完美的設計展演，豐富的細節是讓提案劇情可以向下延伸、讓客戶能夠提升聆聽欲望的吸引力。

完善的提案流暢度：企劃定位思考、設計策略、設計創意、元素創造、編排結合、主視覺成立等一連串的起承轉合，其實就像一份好的劇本，讓人想繼續看下去。

越是好設計就越需要好好陳述，來讓所有人都能在短時間內理解。為什麼設計之後需要簡報提案？設計提案怎麼說才能讓人懂？其實在每一場陌生的會議裡，客戶最常詢問的就是：「如果你們的提案我不喜歡怎麼辦？」確實每個人的審美觀不同，誰都無法確保所有人會看上同一件衣服、喜歡同一個顏色，因為這樣，所以我們需要有故事性的鋪陳、邏輯的引導，透過設計前的資訊搜集來擴張視覺呈現的模樣。在設計提案的時候，必須清楚「分工合作、專業分工」的道理，也就是說提案者必須假想客戶端或許不會有專業設計技術者來聆聽提案簡報，所以第一時間抓住客戶的注意力，讓客戶能聽你說話是提案的首要關鍵，因為在分秒必爭的市場中，「沒有人在乎設計是什麼，客戶在乎的是設計能帶給我什麼感覺」。

提案分成影像階段和敘事階段，影像階段是由設計概念轉化成提案簡報，搭配文案的引導說明，利用更多富有想像力的詞彙，引導聆聽者理解提案的核心內容，所以**溝通能力＋美學設計 = 相輔相成的提案解決方案。**而提案中技術層面的陳述雖然重要，例如：嚴謹編排的理論、設計專業技術的表現，但是執著於專業論點的呈現，並無法讓客戶感到提案生動，畢竟客戶並非設計師，無法透過專業生硬的詞彙理解設計的價值的話，就很容易覺得無感。因此以具體且更深入的生活常態描述，用各種淺顯易懂和能被快速理解的場景形容、感受形容、行為形容，來輔佐設計專業上的解釋，才能讓客戶好好聽設計提案者說話，有效的從中選出適合的方案。

\# ONLINE提案的心理情緒：引導＆貼切的形容－創造，增強聆聽者記憶

☐ **想像感受**：已知型的形容詞 ─ 停留的、流動的、像脈搏的、草地味道

☐ **感官感受**：觸感型的形容詞 ─ 輕的、重的、暖的、冷的

☐ **情緒感受**：悲傷的、開心的、難受的、心跳加快的

故事 ─ 圖像 ─ 情緒

細節怎麼來

All points of planning are
recognized in the details of design

堅持細節的重要，堆疊設計的豐富情感。

從紙上先談構想，再透過最初的想法一步步釐清要去的方向，是設計操作的開端，而談意義再設計更是執行所有案件企劃的核心價值，從品牌經營者的溝通中互動，我們能透過理解和體會而產生感受，也因為有了心裡感受，才得以構成視覺畫面，最終讓消費者端因為畫面的訴說而引起心裡的感動。

無論是品牌設計、品牌再造、傳產轉型、產品上市、全新品牌，所有設計都來自於想要改變現況、創造新的模式和解決某些問題。而設計的意義與情感堆疊的核心，在於從品牌經營者與設計端的對話框中尋得蛛絲馬跡，細細推敲重組後，找到合適的設計切入點，來雕刻品牌最終想呈現的樣貌。

微至小型包裝企劃、寬至大型品牌規劃，都必須從案件中各種微小的細節分析、文字意義拆解、產品原生的特點分化、經營者心理層次的感受理解、市場端消費者視覺觀感推理，萃取解構後的關鍵元素，來賦予產品企劃或者品牌規劃各種不同層次的架構組合，最終我們透過各種視覺、文字和美感張力的分層堆疊，去觸動消費者心中的情愫，因此在美感體現之前先重擬問題，然後推理訊息，演繹新的狀態與價值，這是進入實際視覺呈現前的最後一哩路，雖然繁複卻也是最美的詮釋。

細節怎麼來：檢視設計實際執行的結構序位

提升好感度的關鍵元素：擴張品牌與產品中所有人事物的全面溫度，讓設計說話。

每次設計完成一定都會有設計者的創意概念，但創意概念可不是設計完了之後，看圖說故事才補上的填空題，因為所有設計一定會透過解構、重組、擴張、詮釋這四個步驟來完成最後的視覺結果，才能讓作品有足夠的細節和元素來詮釋。在開始設計之前不妨檢視設計流程結構，讓自己能清楚整個設計情節的脈絡發展，賦予設計作品完整的外在美和結構完整的內在美喔！

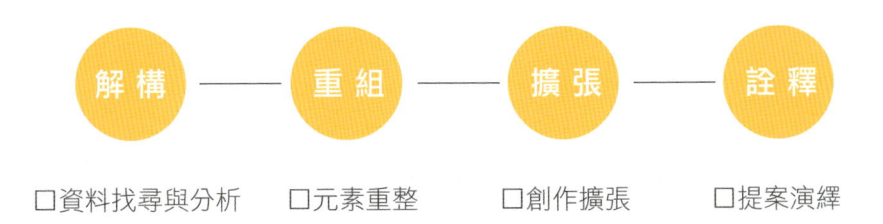

解構 ── 重組 ── 擴張 ── 詮釋

☐ 資料找尋與分析　　☐ 元素重整　　☐ 創作擴張　　☐ 提案演繹

Keep going
概念最終章

Keep going & never give up

向瑪利歐學習品牌探險，挑戰與永不放棄的陽光精神。向庫巴學習企業經營、團隊管理的模式。

透過品牌專案的合作，傳達生活中各種正面迎戰的樂觀態度，是我們除了工作執行討論之外樂於分享的一環。如果專業深究和未知很難懂，那我們就善用比喻讓各種企業經營、品牌淬鍊和市場冒險的實際狀態，透過已知的形容來對號入座吧。而且生活中各種值得我們探討的存在，無論是旅行、料理、收納、遊戲等等看似不相干的情境，只要用對比喻就能快速理解其中深遠的含義了。

公司經營基本上就像各種家務事的放大版，或者戀愛溝通的放大版、家庭開銷計算的放大版……除了每個人本來就有的工作之外，領導者必須面對各種團隊態度的調整、如流水般的大小事情的決策、那些牽一髮而動全身的瑣事，沒有一項可以被忽略，而且所有的事情都不能視而不見。因為每個人在這個團隊裡都是一個螺絲釘，每個人都重要，但當我們要讓這麼大的一群人，可以有共識、能一起工作、一起往前走，這些都是靠著日常一點一滴的小事累積，最後成為了有跡可循的基礎規範，讓我們可以追尋某些良好的方式做事。

還記得超級瑪利歐打敗每個魔王關卡，順利過關後營救公主的遊戲情節嗎？庫巴雖然是大家口中的大魔王，但庫巴所打造的魔王團隊，就像現實社會中企業組織的對照，各個島嶼的關主就像每個部門主管守著旗下的重要位置一樣，無論是個人甚至是一間公司，不管多有能力都需要團隊分工合作，團隊像是國家、社會、學校的縮影，每個角色的存在是建構企業系統的生態鏈，同時也是聚集資源的一種力量。一個產品的成功、一個品牌能持續營運，背後一定有重要的經營團隊，在團隊核心價值的共識下，各司其職、妥善分工打造出的工作模式，是品牌持續成長最重要的原生力量，但經營團隊的內部組成有哪些，又代表著什麼呢？

用Super Mario角色來解構品牌的團隊組織吧！

超級瑪利歐／品牌勇敢的精神領袖：經營團隊的態度與品牌對外的強度，有著深刻的連結關係，而每個品牌背後的經營團隊都一定有個核心的領導人物。領導者不僅代表著企業個性的基礎擴張，同時也是處事執行運作的精神指標，好的領導者能凝聚內部的共識與情感，建立做事態度，帶領經營團隊走往對的方向。

路易吉&奇諾比奧／攜手前進的神隊友：頂著圓點香菇帽、總是協助瑪利歐和其他隊友一起闖關的奇諾比奧，就像每個企業和品牌內部最重要的夥伴，也是最重要的能量，一個人走得快，但一群人才走得長、走得遠。品牌要能持續成長和擴張，每個階段都需要團隊夥伴一起努力才能辦得到，因為人是企業最重要的資產，也是品牌最重要的幕後推手，有好的隊員就算市場颳風下雨，也能一起逆風前行。

蘑菇、火球／提升團隊能力的道具：面對競爭激烈、敵手四伏的市場，品牌要能生生不息就必須不斷檢視作法、改變腳步、抓穩節奏、放寬視野，每一次的面對都是一種成長的學習，透過不斷累積力量，隨時準備應變是永恆經營和屹立不搖的重要關鍵，就像遊戲中主角必須撞擊方塊獲取能力，才能打敗前方的困難與任務是一樣的概念呢！

方塊金幣／維持品牌生計的重要獲利：景氣再不好，也一定有人能賺錢；市場再競爭，也一定有你的生存之地；敵人再多，瑪利歐總能撞擊吃到金幣。生存獲利之道就像遊戲裡對抗關卡、搜集金幣的過程，在偌大市場中必須找到支撐品牌運轉的商業模式，才能供給企業經營的養分，持續開發產品、持續創新。

慢速龜與食人花／品牌成長的磨練與考驗：好做的事情一定不會輪到我們，成功的路上總有五四三的障礙形成阻饒，但勞其心志、苦其筋骨的道理我們都懂，一路順遂的故事就不值得未來回憶和品嚐了。把每一種產業轉型、產品開發上市、品牌行銷等等所會遇見困難，當成勵志的雞湯喝進心裡，走過內外考驗的天堂路，最終開花結果才值得感動與驕傲。

關卡秒數倒數／與時間競爭的淘汰賽跑：每個人都在做的事情，就沒有獨特性了，走別人走過的路，那就永遠只能依樣畫葫蘆。越能洞悉市場找到品牌差異化和獨特價值所在的產品，越有機會得到消費者的青睞，這個時代是競爭淘汰賽，能留下來的品牌無論是永恆經典、爆紅商品或者跟風潮流，都有它存在的原因，而每一步都像跟時間賽跑一樣，想到而沒做的、想做不敢做的，時機一旦錯過就再也不會有。

景氣再不好，也一定有人能賺錢
市場再競爭，也一定有你的生存之地
Keep going

Your note

The notes of the design

存在的實際案例
企劃分享、設計解構

因為設計，我們走過高山、越過平原、跨越海洋，聽見無數品牌背後的故事、看見每一個產業不同的樣貌、感受每位經營者心中真實的溫暖。設計從來不是打開電腦和軟體那刻才開始，從第一次見面和接觸開始，就都已經在設計的系統裡啟動循環。

而對話是我們執行設計最重要的開端，因為沒有對話就沒有訊息、沒有訊息就沒有真實的情感、沒有情感就無法創造適合的元素。無論是茶葉、畜牧、水果、農產養殖、工業、傳產代工、小吃美食、旅行、咖啡酒水、飲料、玩具、餐廳、美容健康食品、腳踏車、甚至成人用品，我們透過實際執行和操作，發現了這些看似南轅北轍的品牌企劃中卻有著相似的企劃解構路徑。因此只要能理解套入分析、重組、擴張、詮釋的設計邏輯，就能夠在不同類型的專案裡，找出屬於每個品牌最獨特的元素……

DESIGN WORKS ▶

Design Note：

- 解構
- 重組
- 擴張
- 詮釋

design element   Complete   Fallen lines   sunny disposition   warm   creative

Design Project 大有社區 金碳稻	品牌設計類	01. 金碳稻 品牌企劃設計解構
Copyright . 存在設計有限公司 商業秘密文件		

01 Existence **執行項目**：傳產轉型、整體品牌規劃、整合設計、企劃概念、視覺定位、文字工程、品牌包裝、攝影工程、環境敘事、好感擴張

金碳

JIN TAN
GOLDEN RICE

Work Description:
- Slogan arrangement and application & English translation
- Human and all substances are born with goodness
- Co-exist, co-cultivate, co-friendliness, co-eat
- Well utilize, well contribute, well circulate
- Good intentioned co-existence of life and ecology
- Co-existence of rice paddy and ecology, co-friendliness of mankind and the land
- Friendly incubation, spread naturally, good-accommodate circulation

金碳稻設計企劃過程解構

金碳，一種與環境自然共生的讚碳

微風輕拂著，踏進金碳稻田野，土壤裡閃閃發亮的黑色塊狀物，在金黃色稻穗的搖曳間閃爍。存在設計團隊走訪大有社區，實際感受金、碳、稻從無到有的每一道程序後，透過策略企劃，從生物炭生成細節分析、金碳文字意義拆解、農田原生理念、人與環境保護的初衷、市場端視覺感官推理，將曾經不被重視的枯枝經炭化後，翻轉成天然的、保護的孕育過程等等。

我們透過設計所轉化的溫度與細節，訴說金碳稻深層的情感與意義，傾聽金碳米與社區農夫對環境保護的堅持，一起體會人與自然共生的感動，來賦予金碳稻社區品牌的視覺呈現。

執行項目：
品牌規劃、整合設計、企劃概念、視覺定位、文字工程
品牌包裝、攝影工程、環境敘事、好感擴張

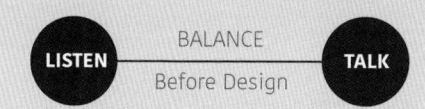

7/3

7與3的黃金共生比例

金碳稻是透過設想計畫,讓如此美好的感動能被更多人理解的過程,也是一種不只為美而做的設計,我們透過與社區農夫和區民聊天互動的過程,理解了金碳稻除了友善耕種外,也將稻米販賣所得的淨利以30%回饋給社區,讓社區得以繼續循環發展。

> "
>
> 這樣的共生模式,就像大地孕育絕大部分的原生元素,供給人們生活的一切所需,而人們以自己的微薄力量發展推動,成就自然與人之間的生生不息。對大有社區而言,金碳稻是70%的樸實自然加上30%的有善設計,呼應著人與自然共生的感動,也不忘大地賦予我們的謙卑之本。
>
> 這些美好的故事都因為在設計的過程中,有著深切的體會所以產生了感受,更因為有了心中感受才得以構成視覺畫面,最終因為畫面感動而能擴張到更多陌生人的眼中、心中。

design element
Complete
Fallen lines
sunny disposition
warm
creative

70% 自然金碳

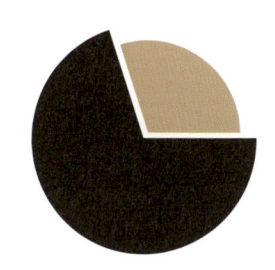

70%無形美善「人、物皆生而美好」

善,本意為美好之事,第一設計核心我們用「善」字貫穿了金碳稻品牌的無形價值,訴說生活與生態共生的理念。而大有社區能妥善運用大地賦予的資源、有善的付出,最終獲得良善的循環,耕種食稻也耕植著社會每個人心裡的一畝田,是為品牌的無形美善價值。

30% 友善設計

30%有形的設計力量「有機、有形、有感」

第二設計輔佐理念以「有」字作為有形的視覺呈現,提取解構後的關鍵元素萃取,以生物炭元素延伸出炭筆的粗獷與堅毅,揮灑金碳稻最純粹的初衷,並取其代表稻米的意象植入品牌識別中,象徵生物炭的有機農法透過妥善的設計,最終以美感來體現設想計畫後的視覺與感動。

人、物皆生而美好
生活與生態的良善共生

- 妥善運用
- 有善付出
- 良善循環

> 取之社會,歸於社會。生於大地,歸於大地。金碳稻以環保節能和友善減碳作為出發點,將社區環境整理所產生的枯木、落葉,利用生物炭爐進行悶燒,進而生產生物炭後,讓農夫灑落耕種的農田,以無毒、無化肥的環保概念耕種,不僅能改善土質也能為全球暖化盡一份心力,除了向大地致敬、感謝土地所孕育的美好外,也讓健康的米食能傳遞給更多人享用,一起體會生活和自然之間順善循環。

廢木
與葉枝

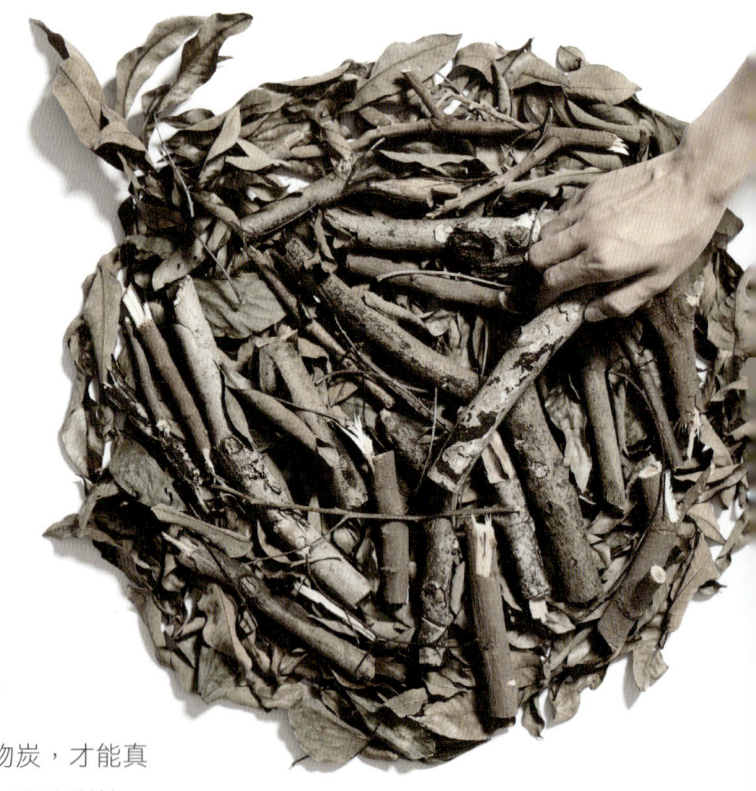

被遺棄的寶貝，農作廢棄物

就地處理農作廢棄物製成生物炭，才能真正減碳。社區日常生活中被丟棄的樹枝、枯葉、竹子等，堆疊收集後，再搬運、裁切、陰乾放入磚窯炭爐內窯燒，將被遺棄的垃圾變成了農法中最珍貴的寶貝，也利用生物炭製作過程減少大氣中的炭。

生物炭
與窯燒

生於大地，歸於大地

生物炭透過缺氧環境中的悶燒，將廢棄物原料經高溫裂解後碳化的技術製成。窯燒爐外部用磚頭打造，每次窯燒4小時，使窯內的悶桶中心溫度達攝氏450度以上，悶燒結束後在炭窯內放置2-3天冷卻，再開窯取出生物炭成品。

人耕
與金碳

藏碳於田，沃土成糧

以種稻米為主的大有社區，是台灣較早將生物炭有機農法應用於稻田間的耕作區，利用不施化學廢料的有善方式耕植稻米，在田間施灑生物炭的耕種法，強化了作物的根系發展、增加土壤的保溫能力、淨化水質達到有機循環的生態保護。

撒炭

與稻糧

以田作畫,有機揮灑

在翻土初期,將生物碳打碎灑入農田中,達到平衡土壤酸鹼值與保持土壤肥力,讓稻米在無毒環境下生長,而撒炭時的稻田就像一幅美麗的畫布,農民揮灑的不僅是汗水,更是改善環境、解決生存與生態保護的有機人生。

鴨農夫與稻

鴨間稻，
稻間鴨的養耕共生

在稻子生長期間，放牧鴨隻走入農田除草、除蟲、鴨子在田埂中行走協助農夫整理稻田，利用生物有機防治方法，讓鴨子清除稻田中的害蟲，再配合農夫除草，以「生物碳」創造無毒環境、增進土壤肥力，由農民與鴨農夫齊心合作，種出全國唯一香甜健康的「金碳稻」。

粳稻
與飯食

寓炭於田，食得金稻

健康的作物來自健康的土壤、有機的食材來自有機的耕植，金碳稻是環保與農作的完善結合，也是自然與生命相順而生的體悟，一直到消費者透過米粒在口中咀嚼的香甜，體會農民友善耕植的美意，感受到吃的每一顆稻米都蘊含著台灣傳產再生、永續發展的感動。

70% 循環經濟

稻田與生態共生、人與土地共好

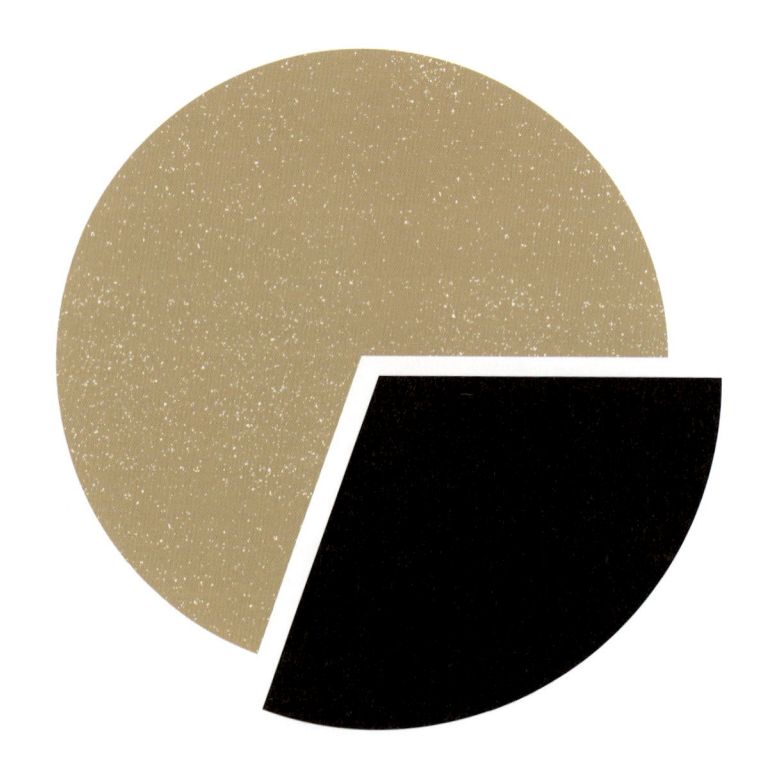

30% 循善回益

金碳稻將販售所得的30%回饋社區，讓社區透過回饋得以關懷照顧長者與居民，並於村內設置學堂、公園、生態池與教室，不僅居民間互動非常良好，也時常受到電視台與報社的參訪報導。大有社區除了種金碳稻，稻田旁的溫室也使用生物炭，栽培多種作物，包括菜豆、胡瓜、南瓜、蔥、地瓜葉、苦瓜、秋葵、芋頭、玉米等，作為社區長者中午共食的食材，如此良好的循環構成了幸福生活的美景。

共食　共善　共耕　共生

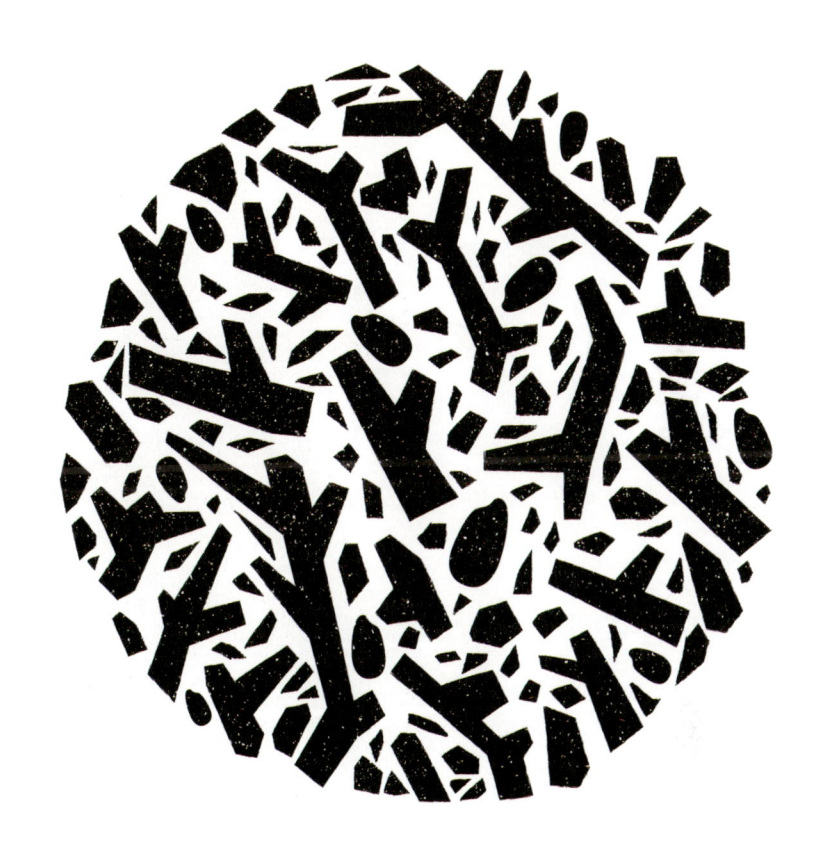

100% 金碳共生循環

友善醞釀、自然擴散、順善循環

我們是這樣期盼的:「無論身在哪個角落的人們,若能因設計的美而使更多人看見一種社會生活中最需要的感動,正從大有社區開始擴張醞釀著生態與人的共生循環,農夫努力地耕耘著這些美好、區民認真過著有機的生活,人們吃的是良善循環所得的米食,那一切就有如金碳稻最初希望傳遞的理念一樣,從這裡開始,讓所有的盼望都友善醞釀、自然擴散、順善循環吧!」

JIN TAN
GOLDEN RICE

金碳
JIN TAN
GOLDEN RICE

K100
PANTONE BLACK 4 C

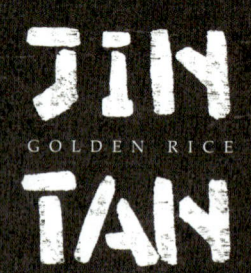

JIN TAN
GOLDEN RICE

全國唯一金碳稻，無毒耕種，鴨農夫入田把關。

design element
Complete
Fallen lines
sunny disposition
warm
creative

Design Note：

- 解構
- 重組
- 擴張
- 詮釋

design element　　Complete　　Fallen lines　　sunny disposition　　warm　　creative

Design Project Miss Seesaw	品牌設計類	02. Miss Seesaw 品牌設計解構
Copyright . 存在設計有限公司 商業秘密文件		

02 Existence **執行項目**：品牌形象定位設計、包裝企劃概念、視覺定位、影像工程、好感擴張

MISS SEESAW

吃的保養品、通路品牌設計解析

Miss Seesaw

Imbalance → *I'm balance.*

BEFORE THE BRAND
OUTSIDE THE DESIGN

Miss Seesaw 30歲正美好 / 吃的保養品

Miss Seesaw是以專屬30歲女性的美麗保健為品牌核心，深入消費者市場的需求，了解到多數女性在長期工作壓力之下，身體就像蹺蹺板一樣，這頭的負擔增加了，那邊就居高不下，一旦不平衡，毛病就悄悄找上門，以此為概念延伸到產品設計，打造出延長女性的美麗極限、持續女性的美好生活、用熱情設計和醫藥專業為30歲女性提供最棒的營養補給，為主要產品訴求。期望初期包裝能展現青春洋溢，表達品牌旗下產品有豐富的美顏能量，由內而外展現品牌自信、活力、平衡，讓視覺延續Miss Seesaw精神，定格在最美好的青春狀態。

因為Miss Seesaw產品訴求非常的明確，所以我們鎖定三十歲的女性、青春、美好、自然為主要的設計企劃核心，希望透過設計溝通傳達品牌渴望成為女性身體的私人管家溫暖定位。

執行項目：
品牌形象定位設計、包裝企劃概念、視覺定位
影像工程、好感擴張

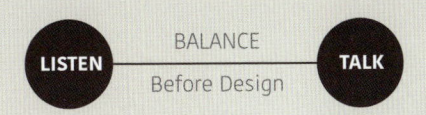

LISTEN —— BALANCE —— TALK
Before Design

品牌解構梳理

Miss Seesaw與市面上同品項產品最大的不同，來自於品牌本身並非尋找代工廠委託製造，而是由在市場長期深耕女性相關保健藥品開發的藥廠為背景，有鑑於市場的消費者需求而成立Miss Seesaw品牌。加上Miss Seesaw擁有專業與安全的認證技術，深入探究女性身體失衡原由，將這份關心轉化為平衡的依據，秉持剛剛好原則，細細挑選素材，更融入俏皮的生活巧思，期望蹺蹺板的平衡理念，讓忙碌職場與生活中的30歲女性，透過Miss Seesaw的補充，依然保持優雅、青春與活力。

在整體品牌包裝企劃設計時，我們依循Miss Seesaw的品牌定位，以三十歲的女性、青春、美好、平衡等四大元素為主要的設計企劃核心，並結合了品牌名稱第一個字母M與女性表情的外觀為視覺語言，創造具親和力的女性表情，讓產品藉由包裝明確傳達價值與態度。

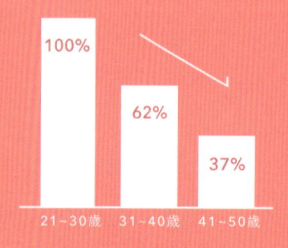

Imbalance → I'm balance.

品牌識別、包裝視覺、設計元素發想生態鏈

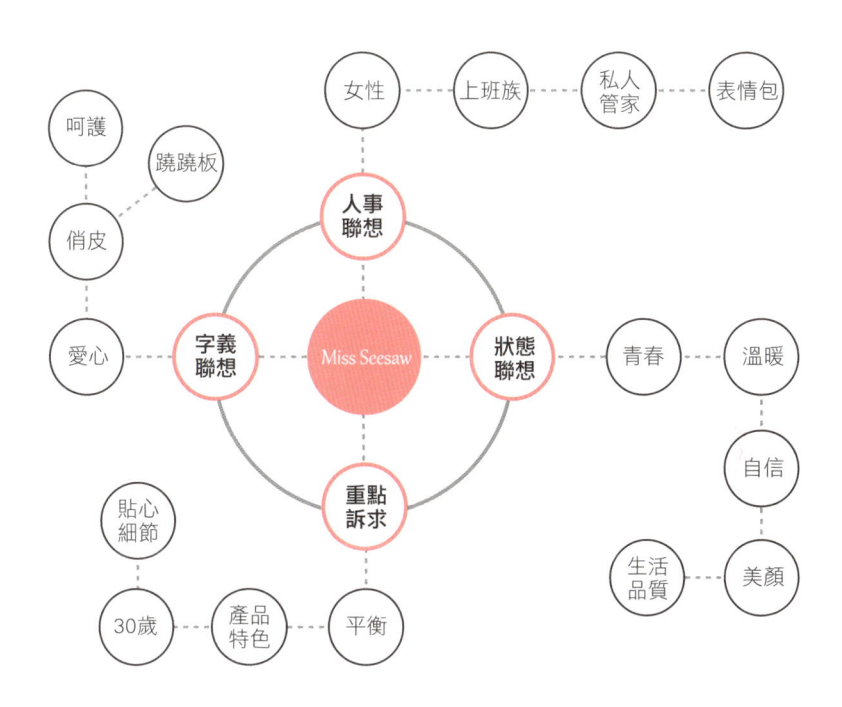

女性 — 上班族 — 私人管家 — 表情包

呵護
蹺蹺板
俏皮
愛心

人事聯想

字義聯想 — Miss Seesaw — 狀態聯想 — 青春 — 溫暖

自信

重點訴求

生活品質 — 美顏

貼心細節
30歲 — 產品特色 — 平衡

BEFORE THE BRAND
OUTSIDE THE DESIGN

116

Miss Seesaw 定格30歲的青春美好

包裝視覺定位

Miss Seesaw品牌名命以平衡身體與生活的蹺蹺板為概念，是專屬女性的營養保健品牌。MS形象識別以對女性消費者的照護與關心為初衷，結合第一個字母「M」與愛心圖樣，構成微笑女孩的臉孔，如同健康的身體讓臉上自然充滿著笑容、持續女性的美好生活般。

元素發想&視覺配色解構

Miss Seesaw推出的女性系列營養補充品，識別圖形使用柔和的色彩，搭配優雅線條勾勒出的臉孔做出變化，成功詮釋產品特性，後續設計亦可在色彩及表情部分做出調整，以利提升整體性及趣味性，讓人更容易聯想到該品牌。

視覺定位方針

Miss Seesaw主打貼近消費者的內心，陪伴女性朋友從內而外的呵護自己，讓時間淬煉出更多自信與美麗。整體及周邊延伸設計包括品牌形象、視覺語言、包裝、文字、攝影計畫等，皆充分傳達品牌健康正面的形象。

Miss Seesaw 產品的機能外衣：盒裝結構

盒型結構的部分，我們利用巧思讓包裝主畫面變成雙層的形式，增加設計上的玩味性，用以區分產品外，我們也在產品吃完的最後，能讓消費者看到盒子底部有一句溫暖貼心的話。材質的部分，為了貼近品牌理念傳達，我們在設計上選用簡約的紙質，減少了紙張華麗的紋理與過多的特效後，反而更能貼近30歲女性消費者的生活理念。

Stay Young with Miss Seesaw

Especially designed for women in their 30s, the pink, lemon yellow, and baby blue package of Miss Seesaw is lovely and delightful. Most of the end users appreciate the small pack of various flavored powder which contains rich nutrition and instantly dissolves in water. It is effortless for them to obtain health supplements. Within a better health and skin condition and they feel more energetic and confident, as if time stops at when they were young.

Work Description:

#Stay Young
#Golden30s
#Beauty&Health
#Miss Seesaw
Health Supplements for Woman

Imbalance → I'm balance.

Miss Seesaw

Design Note：

解構

重組

擴張

詮釋

design element　　Complete　　Fallen lines　　sunny disposition　　warm　　creative

BEFORE THE BRAND
OUTSIDE THE DESIGN

Design Project COCO KING 椰子水	包裝企劃類	03. COCO KING 包裝企劃解構
Copyright . 存在設計有限公司 商業秘密文件		

03 Existence　　**執行項目**：品牌設計、包裝企劃、文案策略、創意視覺、動態視覺、商業策略

COCONUT WATER

Net Content 310ml
Product of Thailand

COCO KING 椰子水包裝企劃設計

設計靈魂 ╳ 視覺解構 ╳ 情境呈現

> ## 一口清涼，是一場設計過的熱帶旅行

COCO KING 這個名字，本身就帶著一種有趣的對比。
「COCO」是熱帶午後的慵懶，是自然、是溫柔的海風；
「KING」則是權威、是氣場，是在熱帶飲品裡擁有獨特存在感的王者。這兩個看似不同的詞，讓我們在設計一開始，就想像著一個畫面：像是午後陽光穿過椰林，帶著微風、帶著剛剛好的清涼，讓人同時感受到放鬆與質感。

但我們知道，這不只是設計外表的工作。椰子水，雖然是補水的選擇，但多數消費者真正渴望的，往往是那個「被照顧」的感覺，在日常生活的奔忙裡，能有一個溫柔的瞬間，讓人覺得被療癒。

所以，我們把這份「心理上的清涼」作為設計起點。不是只設計一瓶飲料的外觀，而是設計一段日常裡的心情旅行，當你拿起這瓶 COCO KING，喝下第一口的瞬間，彷彿置身陽光灑落的熱帶午後，那一刻，空氣裡有椰香、有水波、有慢下來的節奏。

這是我們在這個包裝設計裡想打開的場景感。設計的真正任務，是讓消費者在無意間，也能走進這段被好好照顧的熱帶旅行。

TALK — Before Design — **LISTEN**

視覺系統與設計策略｜讓設計說話，讓品牌有氣場

COCO KING 的視覺設計，不是從「好不好看」開始，而是從「品牌說話的方式」出發。我們想讓這瓶椰子水，不只是賣椰子的清涼，而是讓它有一種自然而然被生活接納的語氣。視覺的任務，是讓品牌的氣質在無形中被感知像是一個不費力就能記住的節奏。

整體的視覺系統裡，我們將「皇冠」作為主識別，呼應品牌中的「KING」，但不採用過於複雜或厚重的皇家風格，而是用簡化、現代、帶有親和力的線條，讓這個皇冠成為一個既輕盈又穩定的視覺焦點。

而「水波弧線」，則是設計中的另一個重要節奏。靈感來自泰文筆劃的曲線，我們希望這種帶有異國氛圍的視覺語言，能讓人感受到椰子水的清涼流動感。這些曲線，不只是裝飾，而是成為視覺中的「呼吸」，引導消費者感受那份溫柔又自在的節奏。

字體設計上，我們重新調整了標準字的結構與節奏，讓字體在視覺上有穩定的重心，也有細節的呼吸感。這些安排，都不是為了視覺效果，而是為了讓品牌的語氣一致、溫和、自然。

整體 VI 系統也包含了字體設計與排版邏輯，特別針對標準字做了結構優化，透過重量、空間與細節的安排，讓品牌的視覺說話方式更立體、更有層次。

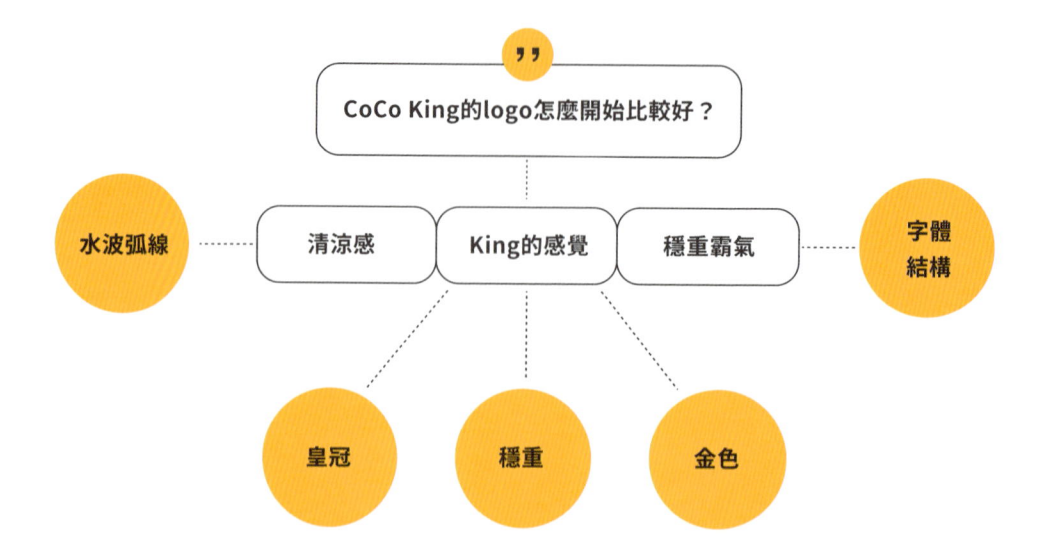

"

CoCo King的logo怎麼開始比較好？

水波弧線 —— 清涼感 —— King的感覺 —— 穩重霸氣 —— 字體結構

皇冠　　穩重　　金色

Cocoking's Design Logic

Packaging design veins

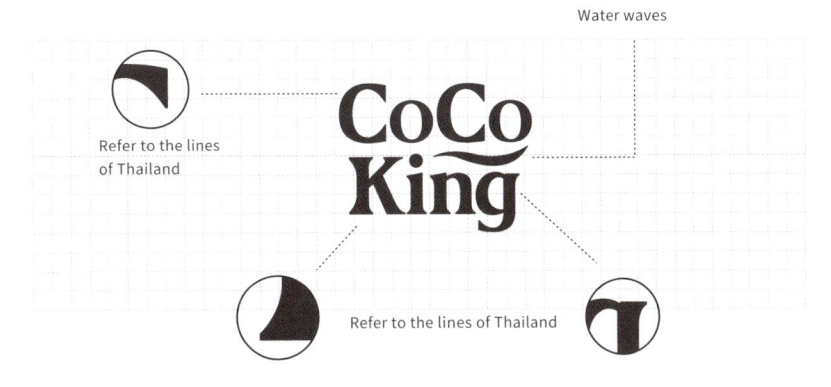

Water waves

Refer to the lines of Thailand

Refer to the lines of Thailand

LOGO design

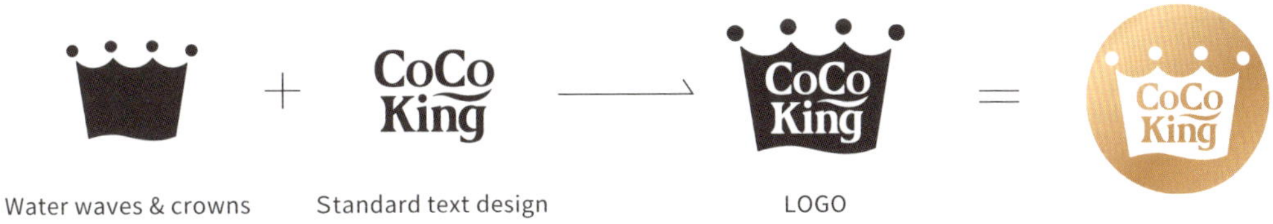

Water waves & crowns + Standard text design → LOGO =

PANTOBE 875 C

PANTOBE 875 C

BEFORE THE BRAND
OUTSIDE THE DESIGN

設計問題與優化方向｜從「便宜感」到「品牌感」的轉譯過程

COCO KING 最初的包裝，曾經遇到過一個很常見的問題，視覺雖然有趣，卻缺乏節奏感，整體畫面顯得有些隨意，也讓品牌的氣質失去了重心。消費者看見的，或許不是「清涼的椰子水」，可能是「有點便宜的飲品」。

標準字比較隨意，椰子的意象模糊、插畫無法真正與品牌氣質產生連結，整體視覺在細節處顯得比較零散。更重要的是，這樣的畫面無法延伸，看起來像是一次性的包裝，而非可以被長期使用的品牌語言。

於是，我們從底層邏輯開始調整調整字體的結構重心，重新安排色彩的層次與對比，讓插畫與圖像之間有明確的呼吸與連結，每一個設計細節，都是為了讓品牌從畫面中產生穩定感。這份穩定感，並不來自浮誇的技巧，而是來自視覺節奏的重組。

當設計從「視覺效果」轉化成「品牌關係的建立」，消費者不只是因為包裝好看而購買，而是因為看見這個包裝，就自然相信這瓶椰子水帶來的清涼、質感與安心。設計不只是讓產品更好看，而是讓品牌變得更值得被信任。這才是我們在這次優化裡最想做到的事。

Before　　　　　　　　　　　　After

COCONUT
WATER

Net Content 310ml

- Non-concentrated restore
- No preservatives added
- No added sugars and spices
- The best recharge drink after exercise
- Natural electrolytes suitable for absorption by the human body

\# 產品名稱中的識別字體設計

在這次的包裝改版，字體設計是關鍵之一，我們重新設計了標準字的重心，讓字體呈現「上重下輕」的節奏安排，視線自然停留在品牌名稱上，讀起來既穩定，又有呼吸感。這樣的設計，不只讓字體更具存在感，也讓品牌在畫面上有了明確的重點。

特別是字母「O」，我們在其中加入了一條 45 度的斜線，靈感來自「吸管插入椰子」的畫面。這個細節，是一種隱藏版的品牌記憶點，象徵喝椰子水的那一刻，帶著輕鬆、帶著幽默，也讓品牌多了一層貼近日常的可愛感。

我們相信，字體不只是傳遞名稱的工具，而是品牌語氣的一部分。這樣的字型，不需要華麗，不必刻意討好，而是在日常生活中，自然地留下印象。
小小的字母裡，藏著品牌的節奏，也藏著那一口清涼的想像。

在上排「O」的地方，加入45度角的線條
象徵著吸管插在椰子裡的感覺
世界都在減塑化，
我們把吸管放在標準字就好

COCONUT WATER

Net Content 310ml
Product of Thailand

100% PURE

設計語彙：主視覺編排與插畫與視覺風格

我們為 COCO KING 設計的，不只是一組插畫，而是一段可以被感知的熱帶風景。整體的主視覺編排，從一開始就圍繞著「情境投射」這個核心，因為設計最打動人的，不是技術，而是視覺語言。

COCO KING 的設計語言核心，是建立在一種心理轉場「當我喝這罐椰子水時，我的身心被帶去了一個更輕盈的地方。」我們將這個概念翻譯成一整套視覺的敘事節奏：插畫的構圖、色彩的表情、空間的呼吸，全都為這句話服務。

包裝插畫使用大量熱帶植物、椰子、水波等元素，以明亮的色塊搭配活潑但有控制的線條，營造一種既自然又設計感十足的視覺氛圍。這些畫面不只是描繪風景，而是引導消費者的「情境投射」，希望透過畫面，帶出一種讓人輕易代入的氛圍感，即使此刻不在椰林裡，也能在這個畫面裡短暫旅行。

illustration design
Packaging design veins

Visual positioning 一口清涼背後，是被照顧的生活場景設計

我們刻意避開過度擬真與裝飾，改以簡約明亮的構成來呈現視覺風格，讓視覺語言本身看起來就像生活中的一部份。設計語言，也是一種品牌人格。COCO KING 透過這樣的插畫與排版邏輯，讓椰子水説話的方式變得輕盈、有感。

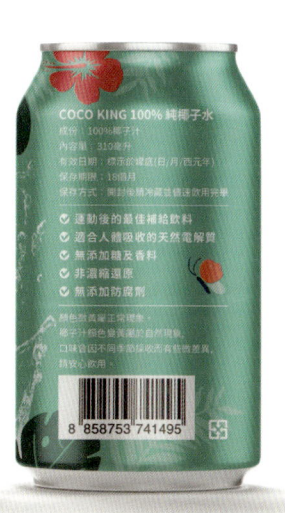

四個成功設計的關鍵要素｜一口椰子水，四種設計說服力

COCO KING 的包裝設計，最核心的成功，在於如何在細節裡，慢慢累積起品牌的信任感。我們歸納出四個關鍵要素，就像是這瓶椰子水裡的四層風味，層層交疊，卻又彼此呼應：

① 色彩策略的精準辨識度：
選擇玫瑰金與湖藍色的搭配，這組配色在競品中較為突出，溫暖又清新的視感，不僅吸引目光，更自然地在心裡留下「清爽、異國、信任」的印象。

② 一致的情境語言：
從包裝文案、插畫構圖到整體排版，每一個設計細節都圍繞著「喝一口，彷彿置身熱帶叢林」的中心敘事，讓品牌的語氣前後一致，也讓消費者更容易進入這個想像中的場景。

③ 字體設計中的節奏轉譯：
我們特別為標準字調整了「上重下輕」的結構，讓字體有穩定的重心與呼吸感。那條藏在「O」字母裡的斜線細節，更為品牌注入了幽默與記憶點，字體不只是資訊傳遞，更成為品牌語言的一環。

④ 插畫風格的沉浸式角色：
插畫在這裡不只是背景點綴，更是讓包裝成為一個「可以想像生活場景」的主角，這份沉浸感，讓包裝自然產生了吸引力。

這四個層次，不是刻意堆砌的技巧，而是從消費者心裡慢慢發酵的「好感循環」。設計的說服力，不在於視覺衝擊，而是在於這種細水長流、日常可感的存在感。

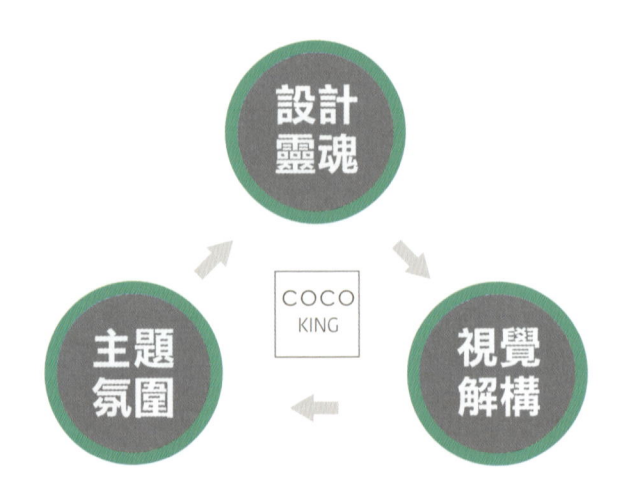

結論與品牌影響力｜重新定位的策略價值：從包裝進化成品牌資產

這次的設計，不只是一次包裝上的更新，而是一場品牌思維的重建。我們的真正目標，不是讓它看起來更時尚，而是讓它「看起來更值得被信任」。

這份信任感，來自每一個細節裡，都能感受到的用心，包含色彩的選擇、字體的節奏、插畫的情境、畫面的呼吸，每一項都是為了讓包裝的氣質穩定，讓消費者在任何時刻，拿起這瓶椰子水時，都能感受到那股輕盈而確實的安心感。

更重要的是，我們為 COCO KING 建立了一套可以長期使用、自然延展的視覺節奏。未來無論推出新的口味、新的包裝，甚至是拓展到其他市場，只要依循這套節奏，就能自然延伸，不需要重新開始，也不會失去品牌的核心靈魂。

對我們而言，設計不只是一次包裝重塑或改版，更是一場品牌資產的累積。設計的角色，也不再是最後一步的裝飾，而是品牌價值的起點。當包裝開始有了敘事能力，當設計開始有了呼吸感，品牌就不再只是賣產品，而是開始說出「它為什麼值得存在」。這場設計，讓 COCO KING 的包裝，成為品牌資產的一部分，也讓它的價值，開始被時間慢慢記住。

純椰子水 100%
COCONUT WATER

Net Content 310ml

- 非濃縮還原
- 無添加防腐劑
- 無添加糖及香料
- 運動後的最佳補給飲料
- 適合人體吸收的天然電解質

Product of Thailand

Design
Story

設計後記的心得呢喃：

這次的 COCO KING 包裝設計，最初的靈感，不是來自辦公室裡的討論，而是來自我們曾經一起在泰國旅行時，親身走進熱帶叢林、親眼看見椰林間的光影流動、親手品嚐現剖椰子的清涼瞬間，才讓視覺以「喝一口來自自然叢林裡的清涼」為中心開啟的情境畫面。

於是這瓶椰子水的設計故事，就從這段旅行開始，熱帶植物、蝴蝶飛舞、椰子、自然氣息，甚至那個關於「世界都在減塑，我們把吸管藏進字裡」的小巧思，都來自我們生活裡的真實經驗轉化。我們不想創造一個「只存在包裝上的美好」，而是想讓這個設計，像生活中真實存在的風景，輕輕地走進消費者的日常。

真實的拆解椰子產地的自然情景，把我們當時去過泰國所見的情景轉化為設計元素，運用插畫把熱帶叢林裡常見的植物重新詮釋於包裝，也透過蝴蝶飛舞動線，帶領畫面進入包裝故事裡。

這本書看似是一本設計書，可是真正藏著的是我們在設計背後用心生活的心法。人生裡，每個人都會有屬於自己的那瓶「椰子水」，當你喝下那口清涼時，或許你也正在設計自己的人生故事吧：）

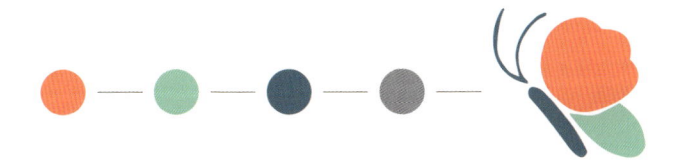

Design Note：

- 解構
- 重組
- 擴張
- 詮釋

design element　　Complete　　Fallen lines　　sunny disposition　　warm　　creative

BEFORE THE BRAND
OUTSIDE THE DESIGN

Design Project FReNCHIE FReNCHIE	品牌設計類	04. FReNCHIE FReNCHIE 品牌設計解構
Copyright . 存在設計有限公司 商業秘密文件		

○ 04 Existence **執行項目**：品牌識別、品牌設計、視覺設計、視覺定位、週邊設計、餐廳icon標示

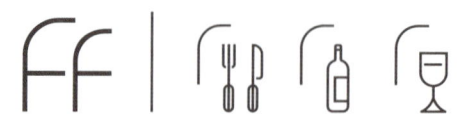

FRENCHIE FRENCHIE

法式餐酒館 品牌設計過程解析

設計一場永續優雅的法式款待

真正的策略價值，不是讓品牌看起來厲害，而是讓它內在有序、外在有感。FReNCHIE FReNCHIE 的這次設計工作，就是一次品牌語感的整合提案，讓所有視覺元素彼此共振，說出同一種氣質。

「FReNCHIE」重複了兩次，不只是現代優雅與辨識度的展現，更像是一種對『法式精神』的雙重強調，那種對生活品味與細節極致要求、對節奏高度敏感、對生活保有浪漫態度的執著。

設計的角色不只是讓品牌「看起來很美」，而是要讓這份美有道理、有內涵、有情感。存在設計將這份「優雅但不冷漠、現代但不遙遠」的氣質，透過標誌、字體、做出一場從識別能連結到空間線條感受的提案。

#執行項目
品牌識別、品牌設計、視覺設計、視覺定位、視覺延伸

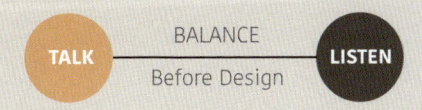

TALK —— BALANCE —— LISTEN
Before Design

Restaurants
Respect
Real
Recycle
Replay

品牌設計的起源：讓空間成為視覺的延伸

FReNCHIE FReNCHIE的標準字設計延續了整體品牌的語感策略，並在細節中藏入深層意義。字體以粗細節奏分明的羅馬體為基礎架構，整體線條保有幾何感，同時對應標誌弧形的視覺語調，讓文字本身也成為品牌語言的一部分。

最具辨識度的設計巧思，在於「Re」的處理：將 E 刻意轉為小寫，並與 R 緊密排列，形成一個視覺上的重點節奏。這個「Re」並非只是視覺趣味，而是深具語意的品牌象徵，它代表品牌的五個核心價值觀：

・ Restaurants（回到本質）
・ Respect（尊重食材與人）
・ Real（真實與誠實）
・ Recycle（循環與永續）
・ Replay（體驗可以被再次回味）

空間弧線

FReNCHIE
FReNCHIE

這樣的語意安排，讓品牌標準字具備更多層次的意義，不只是名稱的拼寫，而是品牌理念的濃縮投射。

BEFORE THE BRAND
OUTSIDE THE DESIGN

Visual Design logic

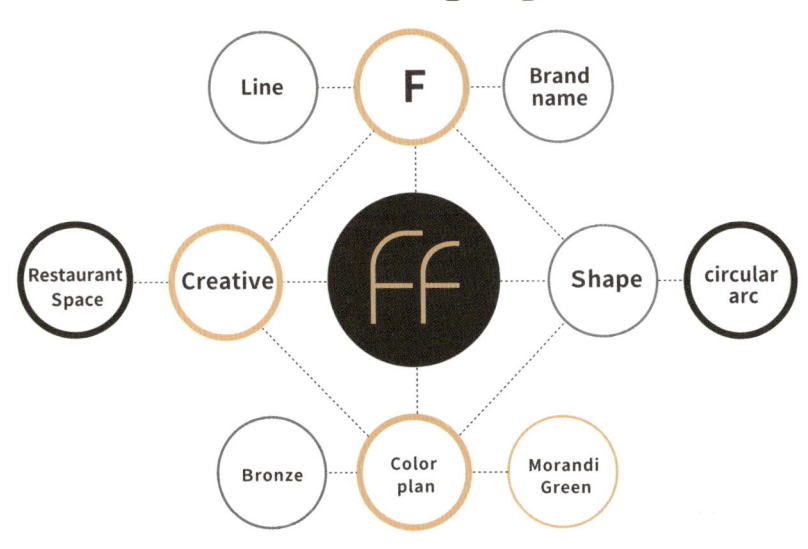

- Line
- F
- Brand name
- Restaurant Space
- Creative
- ff
- Shape
- circular arc
- Bronze
- Color plan
- Morandi Green

FReNCHIE FReNCHIE的設計元素發展

FReNCHIE FReNCHIE的主視覺標誌由兩個字母 F 發展而成，運用三條簡約的幾何線條組成：兩條弧線與一條直線，形塑出大寫 F 與小寫 f 的抽象輪廓。這個結構不只是為了呈現品牌縮寫，更是從整體品牌空間延展的圖形語彙。

這三條線條彼此之間的距離與彎曲比例，經過多次微調，確保在各種應用尺寸中皆保有辨識度與穩定性。視覺上，它帶有一種「剛柔並濟」的結構感：既保有現代簡約的幾何節奏，又在弧線轉角中釋放出柔和的法式優雅。

主視覺標誌被廣泛運用於菜單封面、品牌貼紙、杯墊浮雕、店卡印刷與外帶紙袋等各式應用中，並且透過不同的材質（如打凸、燙金、留白）展現細緻的觸感與辨識感。這些設計讓品牌標誌不只是平面設計，而成為一種能被觸摸、被感受的存在。

重要的是，這個標誌雖然是圖形，但本質上是「品牌氣質的濃縮體」它所堆疊的不只是辨識度，而是每一次觀看都能重新連結餐酒館空間的視覺策略。

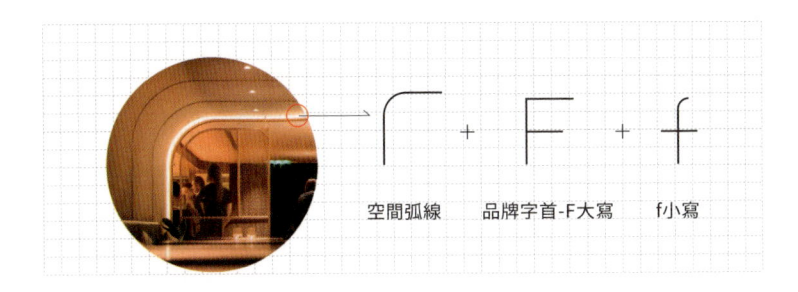

⌈ + F + f

空間弧線　　品牌字首-F大寫　　f小寫

\# 視覺系統與設計策略｜從線條、結構與弧線中找出節奏

整體餐酒館的視覺系統，是為了讓設計在空間與品味之間自然流動。我們從一開始就很清楚，FReNCHIE FReNCHIE 的靈魂，是一種生活輕鬆的節奏感，那不是外顯的視覺衝擊，而是一種內在的感受，像是餐桌上微微反光的酒杯邊緣，像是空間裡溫柔的弧線投影，既安靜，卻又帶有恰到好處的重量。

因此，整套視覺設計的策略，都圍繞著「線條、結構與弧線」展開。我們取弧線為視覺主軸，不只是因為空間本身大量運用了圓弧語彙，更因為弧線裡藏著一種溫潤的節奏感。在這個品牌裡，弧線不只是圖形語言，而是品牌性格的一部分。

色彩上，我們刻意避開張揚的色調，選擇莫蘭迪色系中的綠灰與古銅金。這樣的色彩，低調、溫潤，能夠與木質、金屬等空間材質自然對話，讓視覺與空間的質感彼此連結，沒有任何突兀。

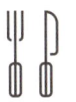

BEFORE THE BRAND
OUTSIDE THE DESIGN

⌈ + F + f
為空間而生、為感受而存在的品牌識別

設計思考與優化：從「感覺有設計」到「真正有邏輯」的心覺設計

FReNCHIE FReNCHIE 這個品牌的誕生，其實很像在醞釀一杯酒。這間餐酒館知道自己想要什麼，一種不必被解釋的優雅，一種藏在生活裡的浪漫。所以我們設計的角色，也不是在於創造新東西，而是在於「慢慢接住」那份氣質。

過程中，更像在日常裡選一盞燈、挑一張椅子，或者為家裡添一件新的餐具，我們花了很多時間，咀嚼空間裡線條的弧度，調整色彩的溫度，也思考著字體的呼吸節奏。這些過程聽起來像是在做設計，但其實更像是在對話，從對話中陪著品牌慢慢長出屬於自己的樣子。

現在回頭看，我們還是很喜歡這個品牌，安靜、優雅、不張揚，卻總有自己的光。這大概就是設計最理想的模樣吧：不一定讓人第一眼驚嘆，但會讓人在很多年後，仍然記得那份藏在細節裡的溫柔。

＃ 重新定位的策略價值｜不是創造新語言，而是翻譯空間裡的感覺

這場設計，不是為了創造一個「全新語言」，而是為了翻譯空間裡那份本來就存在的氣質。很多人以為設計是創造，其實更多時候，設計是整理、是轉譯、是讓一個已經存在的氛圍，被更多人感受到。

我們做的，只是把這間餐酒館裡原本就有的節奏、弧線、溫度，一點一點化為視覺上的語言，讓它不論在空間裡、在名片上、在社群裡，甚至在一張桌巾或杯墊上，都能維持同樣的呼吸感。設計的本質，不是一次性的驚艷，而是讓品牌在每一次被觸碰時，都還是那個熟悉的自己。

就像有些人家的廚房，永遠都有著某種專屬的香氣，不管經過多少年、換了多少家具，那份氣味依然在，這就是我們想為品牌留下的東西。品牌的語氣，不該是短暫的潮流符號，而應該像一種生活的習慣，越簡單，越耐人尋味。這不是風格堆積，也不是創意的表現，或許更像一種可以陪著品牌慢慢成熟的模樣吧。

Design Note：

- 解構
- 重組
- 擴張
- 詮釋

design element   Complete   Fallen lines   sunny disposition   warm   creative

Design Project　彩虹屋-卡里善之樹	傳產轉型類	05. Rainbow House 卡里善之樹 轉型企劃
Copyright．存在設計有限公司 商業秘密文件		

05 Existence　**執行項目**：傳產轉型企劃、品牌規劃、產品設計、企劃概念、視覺定位、文字工程、品牌包裝、攝影工程、社區打造、好感擴張

RAINBOW HOUSE

卡里善之樹 傳產再造 品牌工程解析

> ## 卡里善之樹。原來和美那麼近

Rainbow House是存在設計團隊在傳統產業輔助轉型品牌中很重要的里程碑，Rainbow House的品牌樣貌打造裡，有更多的是品牌五感的循環、企劃的完整累積。我們從最初開始了解傳統產業歷經數十年的故事與期望的轉變，從設計到品牌、設計到企劃、設計到經營，以及從紙本走到現實，不僅是企劃策略、溝通突破與設計執行，更有著陪伴台灣傳統生產鏈走向品牌轉型的感動。

一步步把所有心中、腦海中的想像元素具體化，用眼睛所見、耳朵所聽或者手感觸摸的多感訊息堆疊，化繁為簡、傳遞虛實之間的共識與力量，在Rainbow House品牌中每一個觸動人心的感受及每個設計細節的背後，都有著千絲萬縷的企劃、文案、時間交織的浪漫過程。

執行項目：
傳產轉型企劃、品牌規劃、產品設計、企劃概念、視覺定位、
文字工程、品牌包裝、攝影工程、社區打造、好感擴張

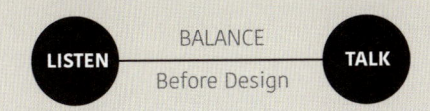

LISTEN —— BALANCE Before Design —— TALK

\# 傳產轉型：彩虹屋企業背景解構梳理

有著值得回憶和驕傲的故事，都是光輝的歲月。雨傘，一個平常我們用不到，但一直都存在我們身邊的日常物品。在還沒有接觸彩虹屋以前，我們一直都以為雨傘應該就是機器做的！直到我們深入彩虹屋的雨傘製造工廠，才發現其實一台機器連一把傘都無法完成，因為傘並不是單靠機器就可以完成的，而是必須經過幾百個人的雙手才有辦法組成。

為了深入瞭解彩虹屋代工的一萬多個日子裡，雨傘製作的所有流程和故事，我們帶著相機和紙筆協助記錄著傳產轉型的每一刻改變。那些廠內辛勤的雙手穿梭在布料與金屬間，靈活的進行裁剪、縫製與組裝的穩定節奏，有著工人們專注的神情，伴隨些許規律的聲響，過程中看不到絲毫的鬆懈，隨著產線前進，經過層層工序後，承載著百來人用心製作的彩虹屋晴雨傘就此誕生。

雨傘：核心產品的細節分析 — 三百雙手的老故事，撐著每一把傘的幸福

傘的結構分成傘布、傘骨、握把，傘骨的零件細瑣，製作手續繁雜，握把的製程也非機器一秒即可完成，傘布的成型更是完全不一樣的生產線，有數位印刷、有手工絹印，從選布、印製、裁切、組裝到要把傘布、傘骨、握把組合起來，裡面也有太多的細節跟步驟是機器無法取代的，所有的流程裡面靠的是每一個人的雙手，一針一線，一手一步，一點一滴成就了每一隻傘。每把傘前後大約需要300個人合力完成，直到消費者手中打開傘的那一刻，就好像打開了300多個人的溫度，這是雨傘工廠每天在做的事情，也是彩虹屋幾十年來一直堅持的感情。

彩虹屋堅定的轉型堅持

一直以來做著代工，將每一把傘送到不同的經銷商和採購商手中，然而隨著市場的需求下降與二代接班迫切的情況下，彩虹屋決定自己打造晴雨傘的品牌，也希望可以保留傳統代工的情感，期盼透過設計的力量擴散這份感動，也能藉此延續給下一個世代的人們，透過不同的方式接觸、體驗或閱讀彩虹屋這份代工光輝的歲月，以及理解二代傳承所乘載的家族情感，彩虹屋的二代接班人說：「我希望找回自己在台灣的根 — 彰化和美，這個充滿人情味又樸實的城市家鄉。」或許未來的旅程未知，但這個品牌從一開始就飽含著滿滿的洋蔥，那是只想回到最簡單的初心，足以用愛堆積起這個品牌最純粹的潔白。

153 | BEFORE THE BRAND
OUTSIDE THE DESIGN

為愛撐傘：雨傘代表的原意與全新意義重塑

既然雨傘是彩虹屋最核心的產品，我們就從這裡開始吧！華人社會自古對於傘的解讀總有比較多負面的說法和禁忌，譬如傘＝散。我們從這個棘手的問題下手，企劃會議中透過各種生活化的分享，試圖找出正面且暖心的意義，而我們都熟悉且代表著愛情的傘下圖形，成為了彩虹屋雨傘的全新意義扭轉的關鍵。我們透過「愛」這個核心的連接詞，進而將傘的語意從「散」重新定義為「幸福不散」，並且擴張延伸各種愛與幸福的品牌定位，賦予彩虹屋雨傘全新價值，更以「幸福」與「撐傘」的中文字義延伸相關語彙，來為彩虹屋的文案定位。撐傘是一個很平凡卻很有愛的動作，一個人撐傘是愛自己、情人撐傘是愛情、朋友撐傘是友情、家人撐傘則是親情。傘下有愛，無論晴天雨天，我們一起**「為愛撐傘」**吧。

{ **為愛撐傘企劃概念原型發想** }

不管晴雨有我為你撐著，我們幸福不散。

為自己撐傘 ＋ **為家人撐傘** ＋ **為你撐傘** ＋ **為朋友撐傘**

自己　一個人　愛　勇氣　　孩子　一家人　愛　溫暖　　另一半　二個人　愛　依靠　　友情　一群人　愛　力量

撐
撐住
撐著
撐腰
依靠

愛
溫暖
友善
感動
力量

彩虹屋轉型第一階段：前導企劃解構與品牌關係生態鏈

彩虹屋的第二代從回到家鄉的起點出發，既然要回到家鄉，那我們就將家變成展館或景點，或者用雨傘所能延伸的一切產品，打造獨一無二的互動體驗，作為品牌曝光的第一階段任務嗎？但是該如何創造全新的品牌生態，又能同時結合雨傘特色與彩虹屋代工製造的情感，頓時成了企劃最艱難的課題。想要的很多、但真正需要的是什麼？為了解構各種可能，我們同樣以彩虹屋為企劃解構核心，放入生態鏈裡開始分析，將彩虹屋相關的連結或想像先透過延伸擴張，來找到適合切入的品牌關鍵元素！

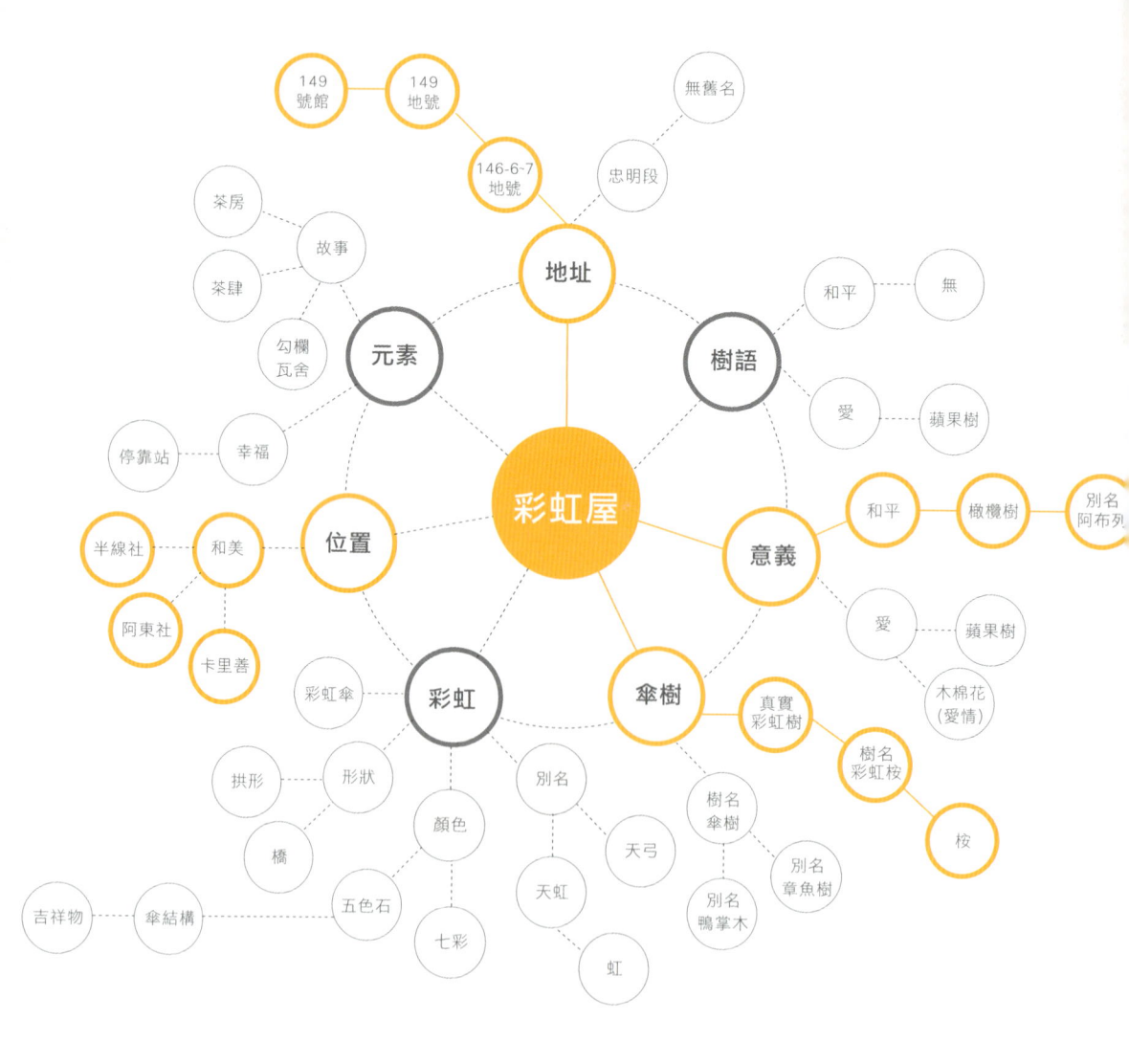

彩虹屋
— 地址：149號館、149地號、146-6-7地號、無舊名、忠明段
— 元素：茶房、茶肆、故事、勾欄瓦舍
— 樹語：和平、無、愛、蘋果樹
— 位置：停靠站、幸福、半線社、和美、阿東社、卡里善
— 意義：和平、橄欖樹、別名阿布列、愛、蘋果樹、木棉花（愛情）
— 傘樹：真實彩虹樹、樹名彩虹桉、桉、樹名傘樹、別名章魚樹、別名鴨掌木
— 彩虹：彩虹傘、吉祥物、傘結構、拱形、橘、五色石、七彩、形狀、顏色、別名、天弓、天虹、虹

What can we do?

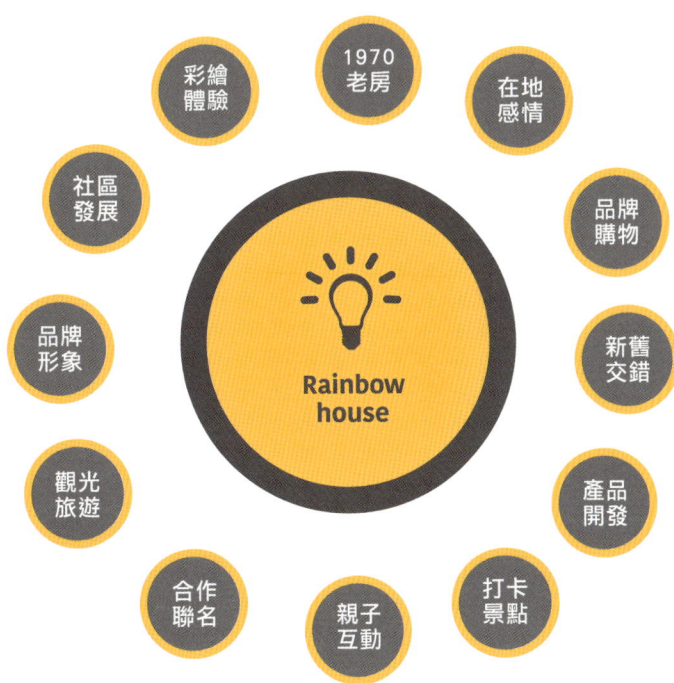

Stride across outdated rotations; turn everything into the accumulation of goodness over the incubation of time

- 彩繪體驗
- 1970 老房
- 在地感情
- 社區發展
- 品牌購物
- 品牌形象
- Rainbow house
- 新舊交錯
- 觀光旅遊
- 產品開發
- 合作聯名
- 親子互動
- 打卡景點

一步步解構聚焦而生的「卡里善之樹」

我們從第一階段的分析中，取出了與彩虹屋本意相關的聯想「彩虹」、「傘樹」、「和美地名」這三個關鍵元素，透過企劃重新組合後加入「老房改造」、「打卡景點」、「親子體驗」、「社區發展」、「輕旅行」、「雨傘周邊產品研發」等六大輔助，再度進入第二階段的生態鏈來打散重組。最終從彩虹屋生態鏈所發展而萃取的和美鎮古稱「卡里善」，以及善字如傘而延伸發想的特色傘樹裝置，確立了全新品牌「卡里善之樹」與其核心價值。

我們在會議中想像著卡里善之樹的樣貌應該是這樣吧：「純樸的和美小鎮有著很美的古稱卡里善，蜿蜒的街道中有著濃厚的情感，在這裡漫步不帶商業氣息，陪伴著沿途步伐的是轉角小農田、村落間自由奔放的熱情毛小孩，還有面帶微笑的可愛村民和一棵大大的傘樹，每一樣人事物都像是在歡迎人們踩著輕鬆的腳步來訪卡里善之樹呀。」

企劃所帶來的想像力賦予了設計的創造力，確認了方向與型態之後，我們開始進行轉型的第三階段：「實際執行項目與營運統籌計畫」，而卡里善之樹的品牌故事就是從這裡開始的……

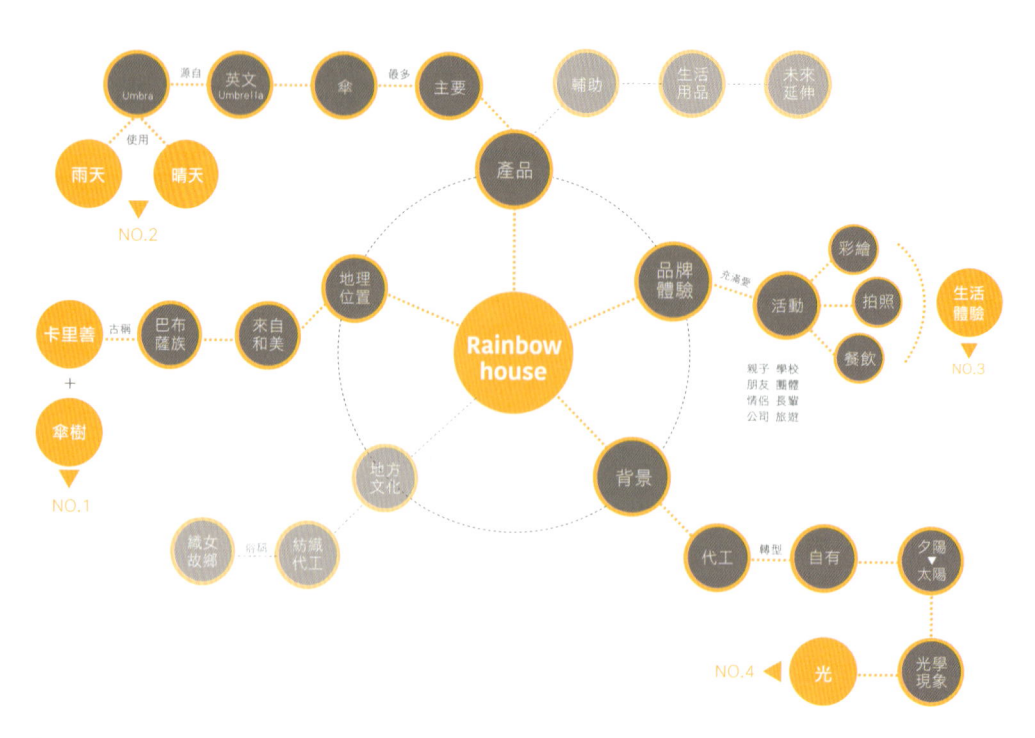

品牌識別與空間概念：從夕陽產業到幸福品牌的陽光滿屋

Rainbow House形象識別以老房意象與家是每個人的保護傘概念出發，再結合品牌名稱字首「R」構成色彩上呈現灑落式的彩虹光輝，以沐浴在彩虹溫暖照耀下的彩虹屋來象徵品牌的核心「為愛撐傘」。而卡里善之樹的空間，我們選擇保存彩虹屋原始古厝的樣貌來象徵記憶延續，透過新增外層的建築表情結合品牌形象的線條塑造，來呈現老屋新貌的視覺氛圍。保留記憶且賦予全新樣貌的卡里善之樹，就像記載著滿滿歲月的故事，等著人們走進閱讀，也象徵著夕陽產業轉型蛻變為充滿正面力量的陽光品牌，又似品牌logo右上角灑落的彩虹光，幸福滿屋。

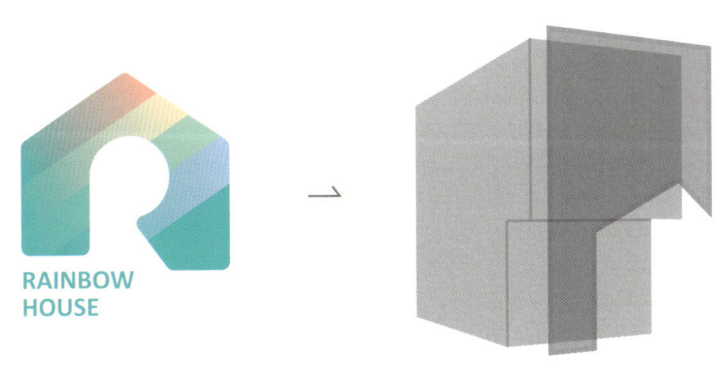

亞洲第一棵真實雨傘樹「卡里善之樹」

確認空間樣貌後，我們著手企劃將瀕臨壞死的台灣原生苦楝木經由修復再造，並與彩虹屋晴雨傘做藝術創意結合，宛如一棵開著七彩花朵的彩虹樹，賦予截然不同的嶄新面貌，以重新延續生命的價值，希望藉此帶動村落的生氣，也讓大家更了解雨傘的故事，利用濃厚的台灣人情味，讓在地溫暖產業得以延續。

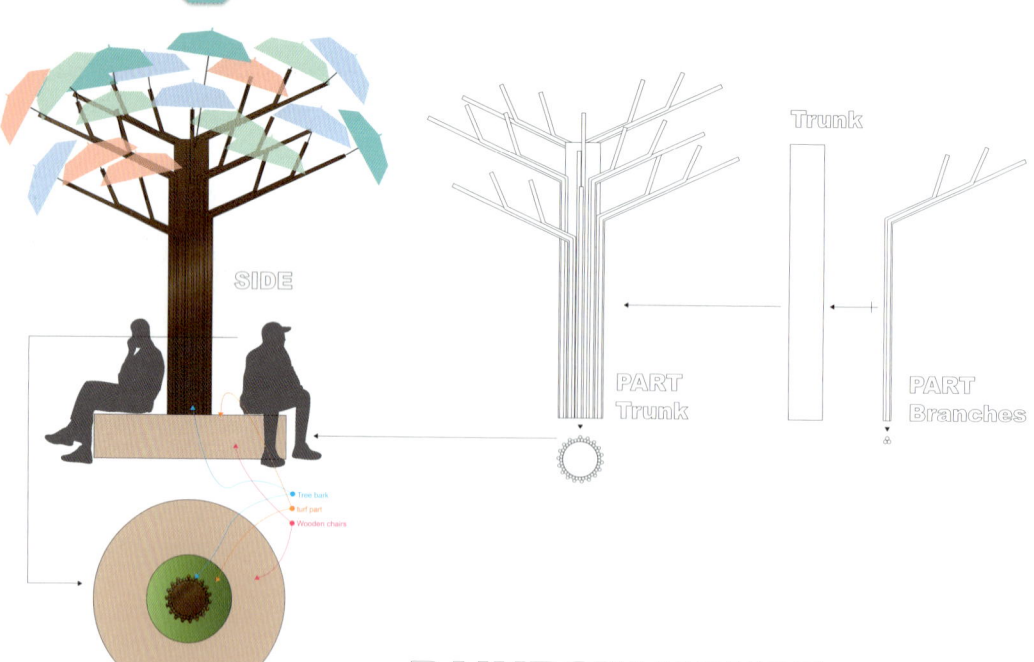

RAINBOW HOUSE
UMBRELLA TREE DESIGN

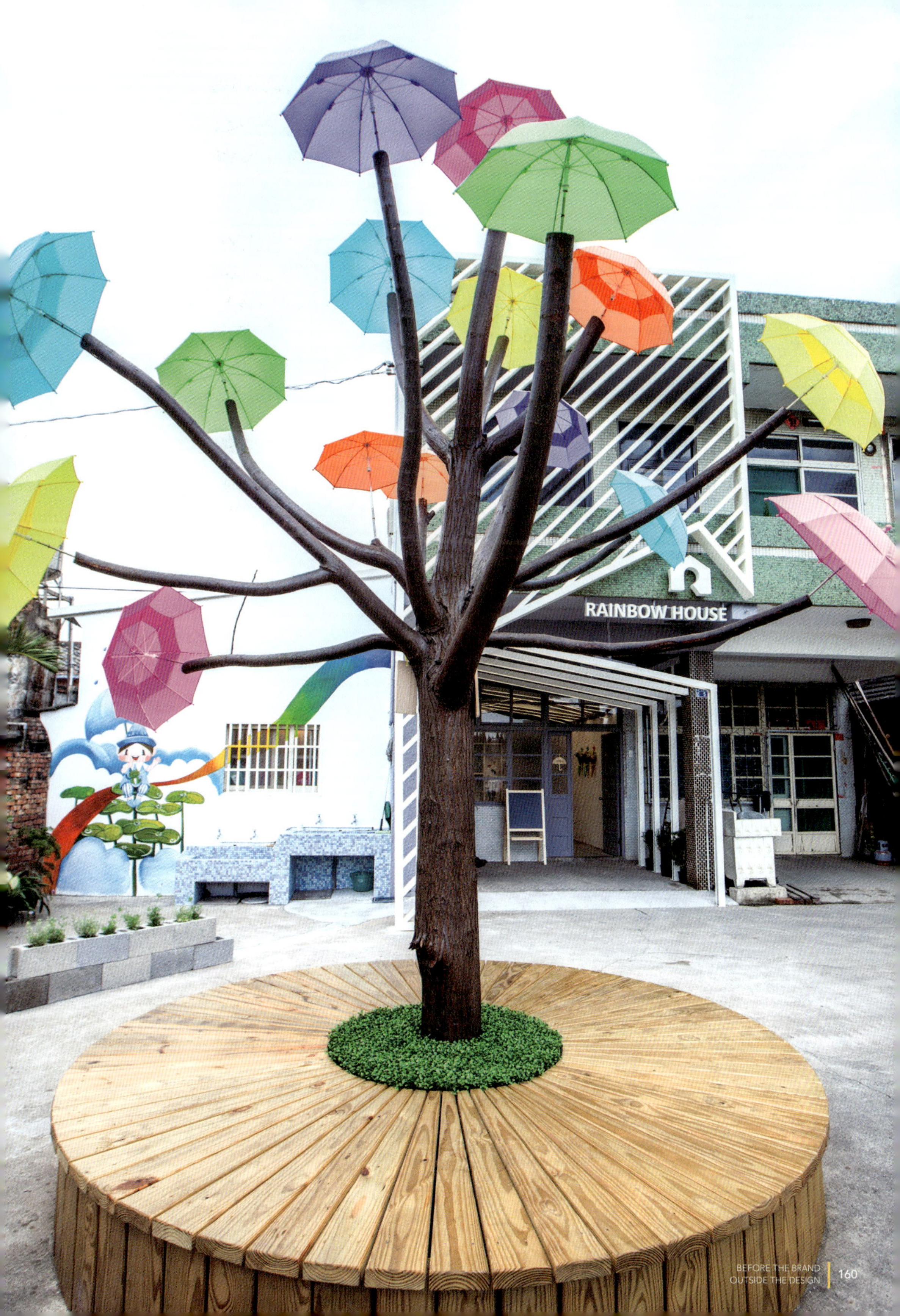
RAINBOW HOUSE

用雨傘開出浪漫的卡里善彩虹傘巷

從卡里善之樹而延伸的周邊景點「傘巷」，是由維護老房情感保留這個社區一磚一瓦的人文風情而生，以不破壞結構與樣貌的方式，透過雨傘的裝置藝術為濃厚道地的地方味增添一抹新的時尚感。一小段的車程，讓我們慢慢駛離都市的喧囂，車窗外的景色逐漸變得樸實且溫暖，不由得吸引人們來趟和美輕旅行。漫步在古稱「卡里善」的和美老巷中，遇見在紅磚牆間綿延的傘巷，走進一看，繽紛的彩虹瞬間映入眼簾，七彩的光色灑滿全身，如同被愛包圍般美好。

設計的蝴蝶效應：設計延續了傳統產業的情感，也再造了地方社區的生命

好的設計如同歲月釀的酒，在未來是看得見成果的。我們揮動了彩虹屋的翅膀，帶出卡里善小區溫和且擴張的美好效應，從代工轉型的念頭出發，圍繞舊時故鄉的老房為中心，透過設計去改變轉型後的品牌價值定位，再經由無形的溫潤情感蔓延，互相接觸碰撞產生化學反應，改變了整個社區的氛圍，也讓平凡的社區漸漸嶄露頭角。這裡，曾經是很少人知道的彰化和美小區，看似施了魔法般的華麗變身，實際上，背後卻是一連串透過企劃策略與實行執行的力量，所累積與創造的設計蝴蝶效應，也因為轉型的責任與勇氣，不僅賦予品牌全新樣貌，也帶動社區觀光的價值。

Before

Rainbow House
the butterfly effect of design.

After

給彼此一句問候吧，無論認識與否。
給城市一句問候吧，致熟悉的區域。

彩虹屋旗下產品企劃：和城市來一場溫暖對話！

「炙熱的陽光下，跟你身旁的陌生say hi吧！」
「雨落的城市裡，讓迎面而來的人們看見滿滿的溫暖吧！」

雨滴伴隨著傘面摩擦所發出的窸窣，彷彿交談一般，衍生出對話。我們企劃用設計重新詮釋雨天的聲音，以「城市對話傘」為概念，將豐沛的情感元素實體化，扭轉過去送傘的負面意涵，在熙攘的城市中，替心裡的那個他／她送上一把對話傘，代表著一片誠摯的心意，跨越彼此的生疏，從此不再擦肩而過。

還沒說出口或是不知如何顯露的情感，透過無聲的對話傘，足以完整的傳達。用傘的良善連結人與人之間，襯托出「幸福不散」的設計概念，腳步緊湊的生活中和Rainbow House一起重新詮釋晴雨的心情，讓城市與人們之間的溫度不再生疏，藉此呼應彩虹屋充滿愛與溫度的品牌精神。

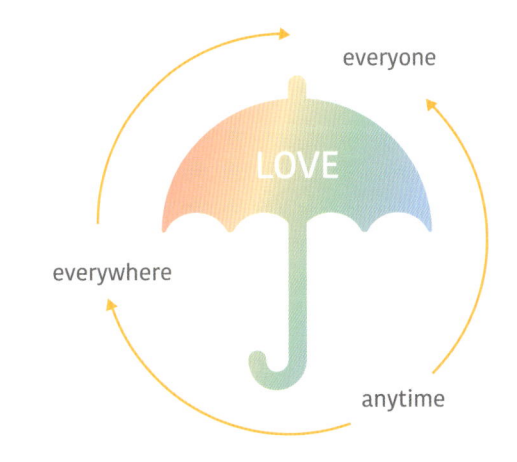

everyone
LOVE
everywhere
anytime

一棵盛開在和美的卡里善傘樹
一段傳統產業轉型成功的溫暖故事
一陣美好的良善帶來撫慰人心的時光
一場美好的相遇讓你發現原來和美那麼近

The Umberlla For Love

Design Company：Existence Design Co., Ltd.
Brand Name：Rainbow House

Design Note：

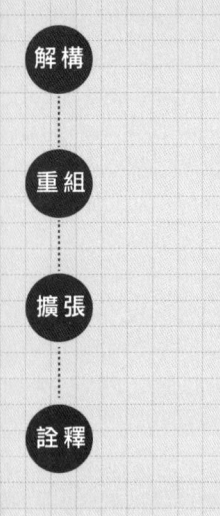

- 解構
- 重組
- 擴張
- 詮釋

design element　　Complete　　Fallen lines　　sunny disposition　　warm　　creative

Design Project　PILOLO靜音球	品牌設計類	**06. PILOLO 靜音球 品牌計畫過程解析**
Copyright．存在設計有限公司 商業秘密文件		

06 Existence　**執行項目**：品牌企劃設計、產品上市計畫、品牌活動、攝影計畫、產品包裝企劃、視覺定位

靜音球

●安全 ●安靜 ●快樂

Pilolo
Pilolo, Loading your life

PILOLO 品牌計畫過程解析

想當好鄰居，來顆靜音球吧！

在PILOLO品牌企劃案件統籌中，我們不只探究品牌行為、擬定品牌企劃、包裝視覺的美感，更多的是如何用最簡單、直覺的視覺語言與消費者溝通。我們試著從品牌解構、設計統籌、文案企劃、攝影計畫、輔助營銷方針，給予各種設計創意的思考方案，發展出產品上市前導計畫、產品包裝視覺呈現行銷所需之設計。

#品牌工事分享

每一個案件都有各種不同的困難與挑戰，無論是在有限的空間裡必須創造無限的延展性，或者在有限的條件裡必須創造無限的可能性，設計真的不是只有把產品做得美美的就好呢！對我們而言設計是一種享受思考、並且一步步落實計劃的美好過程。

#執行項目

品牌企劃設計、產品上市計畫、品牌活動
攝影計畫、產品包裝企劃、視覺定位

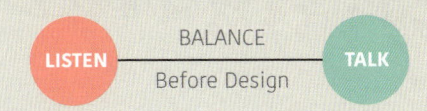

LISTEN — BALANCE — TALK
Before Design

LIGHT
TONE
BALL __

safety, quietness, happy, for kids.

Wanna be a good neighbor?
Get a Light Tone Ball

When we were making plan for Pilolo project, we did not only go into the brand's behavior, the visual aesthetics of its package, but moreover, we wanted to use the simplest and the most direct visual language to communicate with consumers. We tried to analyze all the elements, such as brand deconstruction, design coordination, proposal making, filming plan, and marketing directions, to develop a pre-launch pilot plan, as well as visual presentation for product package and the application of marketing elements.

PILOLO 傳產轉型 — 企業背後核心價值解構梳理

PILOLO由幾十年代工經驗的企業為背景，從一塊小小的泡綿開啟了豐富的泡綿事業體，並結合多年純熟的代工技術研創出全新的品牌。泡綿一直真實的充斥在生活周遭，無論是我們日常辦公的座椅、床墊等等都屬於發泡技術的一環，而我們明白在穩定的代工營運下，創立全新的自家品牌，一方面對於市場可以沒有後顧之憂的冒險進攻，另一方面透過代工實際的營收運轉，可以支撐品牌經營所需要的資源，這樣進可攻退可守的傳統產業轉型計畫是PILOLO獨特而強壯的力量。

企劃前導 — 市場解析 — 發現問題

將靜音球作為PILOLO品牌中首推的兒童玩具系列產品，主要在於問題點的探查發覺。我們發現到現代家庭住宿型態趨向於公寓式住宅，在家長時間有限的情況下，孩童多數的玩樂時間被限制於家中，而球類運動一直是孩子在四肢協調與靈活度上都很適合的遊戲之一，可是在公寓型住宅中，一旦出現丟球的蹦跳情形，可能就會打擾到鄰居，降低聲音的訴求，便成為購買玩具的考量因素，因此浮現了既要符合孩子能在家玩樂也要當個有氣質的好鄰居的產品計畫。

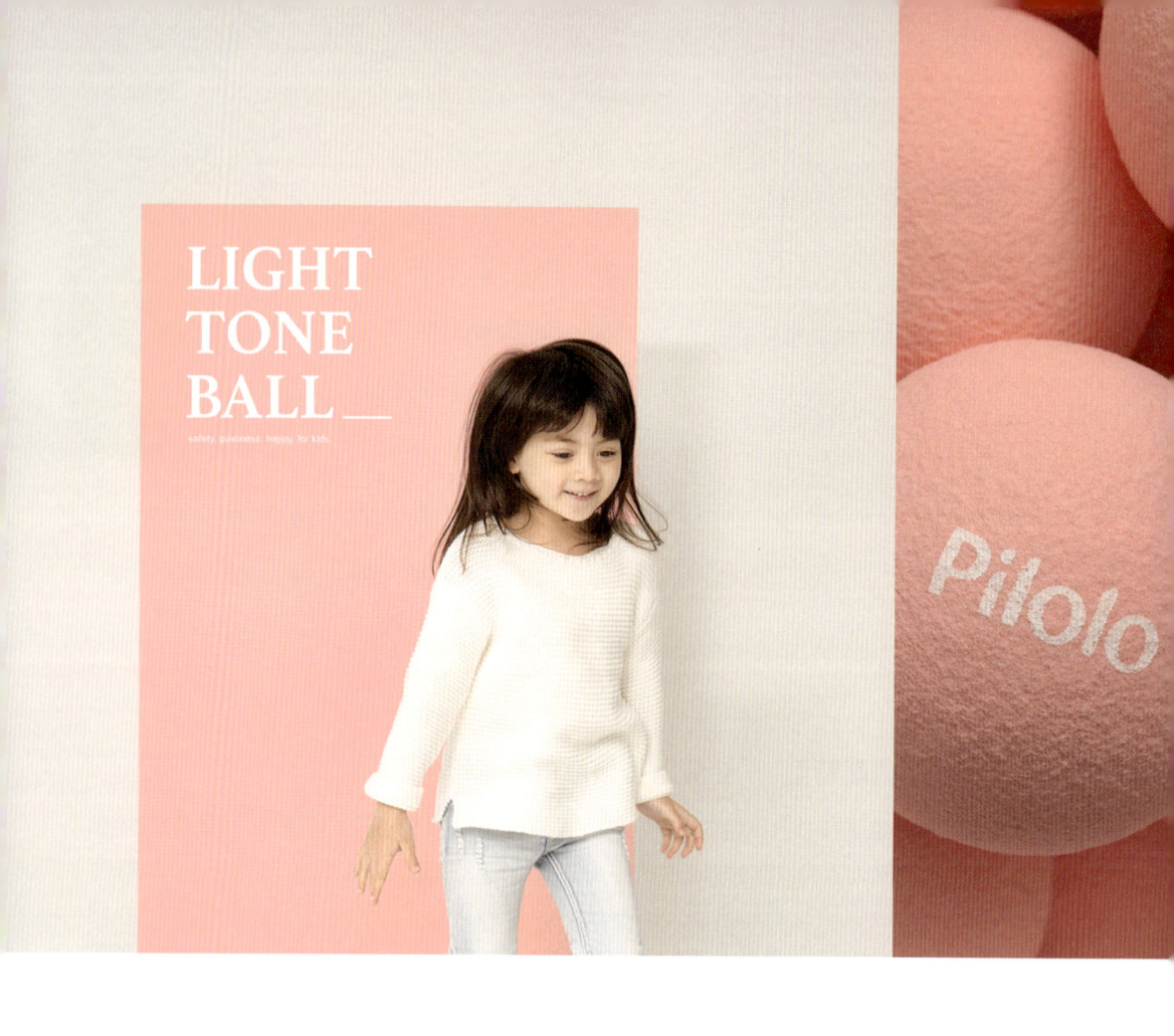

LIGHT TONE BALL
safety. quietness. happy. for kids.

\# 企劃元素結合企業原生力量的重組再造

我們以PILOLO三十年發泡技術與泡棉相關產業代工的經驗為產品基礎發展核心，開始向水平與垂直的相關材質探索，透過與客戶的共識達成和泡棉專業技術的研發，尋求適合作為球體主要構成的基本材質，最終打造PILOLO獨特的兒童靜音球。

PU絲纏繞結構的製作方式，使得拍打過程中能吸附表面反射的聲音，輕盈的靜音球讓父母能在臥房安心休息、孩子在玩樂中盡情拍打沒負擔，而它安靜輕音的特色，讓孩子即便是在大力的碰撞情況下，也能因為泡棉材質的特殊性，有效降低發出的吵鬧聲音。

PILOLO 品牌定位

生活是一種態度也是美學。PILOLO秉持對環境的永續敬意與感激，從視覺感受到真實接觸，都訴說著以美好自然的態度，猶如大地般自在親和的存在你我熟悉的環境中，陪伴我們生活的每一刻。使用對人體、環境天然無害的成分，將一切回歸大地樸實的純淨單純，更是PILOLO對品質堅持的品牌態度。

在PILOLO品牌創立之初，我們推出第一個兒童系列產品「靜音球」並賦予球類玩具新的定義，同時將靜音球的尺寸設定在最適合3~5歲的孩子使用，大小剛剛好。絲繞結構的層層包覆增加靜音球的耐用性與安全性，同時能訓練孩子肢體的協調性。

文字計畫＆產品訴求定位

「想當好鄰居？來顆靜音球吧！」直接以開門見山的破題陳述，點出靜音球產品的最大特性，為了解決現今公寓式住宅所面臨的隔音問題，讓孩子在家中也可以盡情地玩耍而不打擾到鄰居，是Pilolo期望陪伴孩子從小體貼生活周遭人事物的美好開端，不僅能直接吸引對產品有需求的客戶群，更能快速傳達產品的特色。

3 種美好全新體驗
與生活美學並肩而行的童年

slogan

質感 **好** 鄰居
在家玩耍 **好** 開心
健康無毒 **好** 安全

品牌價值堆疊 — 與美學並肩的童年

我們期盼從孩子的童年時光，便能陪伴他們建立生活中各種美學、體貼、有善的概念，因此在靜音球產品研發中也以「美學從小開始」作為前導訴求。即便只是玩具，PILOLO也堅持各種微小細節的美好。無論是產品的品質或者美感，我們從生活中挖掘探究各種需要改善的問題，也堅持留住好的概念，從視覺感受到真實接觸，我們都希望可以透過設計企劃，傳遞PILOLO對於體貼、美學與友善的心。

形象企劃策略

在PILOLO靜音球的包裝視覺企劃中，延續品牌的核心，結合縝密的攝影計劃，透過俏皮與可愛的模特兒，記錄每個最真實的瞬間，延展全系列兒童歡樂時光中各種單純、自然的肢體語言與視覺，透過設計將影像運用在包裝上，如同PILOLO最初的設定，希望用最簡單、直覺的視覺語言與消費者溝通，呈現靜音球獨特的產品價值與美感。

slogan

3 超嗨低分貝！
當個有品味的氣質小鄰居

安靜輕音 超 友善

尺寸剛好 超 完美

在家玩球 超 嗨的

\# 品牌影像計畫

我們找來符合PILOLO靜音球影像計畫中，具備俏皮與可愛特質的模特兒擔任攝影計畫的主要角色。在攝影棚內，我們一起玩耍、一起體驗產品的美好，在玩樂中一起完成了攝影工事，將兒童的品味、美感、陽光、歡樂、開朗，以玩樂和居家生活為核心，記錄每個最真實的影像瞬間，延展全系列兒童歡樂時光中各種單純、自然的肢體語言與視覺，最後透過設計呈現靜音球獨特的產品價值與美感。

We recruited a playful and cute model that just met PILOLO Light Tone Ball's image proposal to be the main role of the filming project. In the studio, we played together, experienced the fun of this product together, and finished the technical filming work in play and fun. The film was themed at kid's taste, aesthetic sense, the sun, joy, optimistic attitude, fun and life, recording every second of the most realistic moments to extend kid's simplicity, natural body language and vision during the joyous time. And finally, Light Tone Ball's unique product value and aesthetic feel is presented through further design.

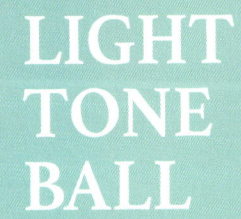

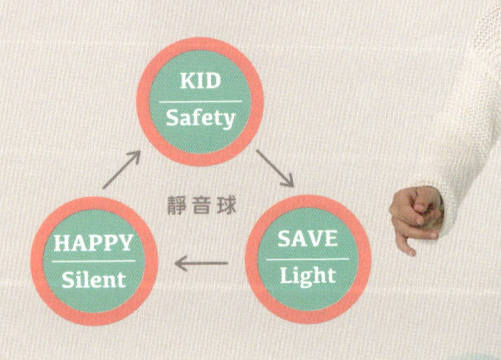

LIGHT TONE BALL

KID / Safety
靜音球
HAPPY / Silent
SAVE / Light

BEFORE THE BRAND
OUTSIDE THE DESIGN

包裝定位 & 結構

在PILOLO靜音球的包裝結構企劃中，我們從減少紙張的議題為主要包裝設計考量，以一張紙便可完整保護球體，創造品牌獨家雙開結構、雙封面設計，結合產品輕音特性，打造兒童玩球的全新定義。

品牌形象與周邊的延展擴張 & 全方位的品牌計畫統籌與執行

存在設計參與研發團隊的產品定義流程，在其後負責產品全方位的品牌形象企劃與旗下產品設計統籌，我們以不同的企劃思維去推敲各種可能性，讓設計層次與視覺呈現裡各種加與減、多與少的討論都有跡可循，以此陪伴客戶由廣而深解析兒童生活玩樂用品的進化與改變，以及現代人的生活習慣與方式，從中解構出PILOLO靜音球的產品特性，完美執行產品上市前導作業，循序漸進地打造品牌完整的視覺樣貌。

從靜態視覺延伸到互動體驗

除了常態的靜態視覺形象之外，我們更將產品拉近到消費者生活中可觸及的地方，企劃以創意且視覺之力十足的PILOLO兒童籃球場來與消費者互動。創意的行銷策略是將四分之三的空間用高穿透性的玻璃裸視呈現，打造了PILOLO首座透明小型的兒童縮小版籃球場，直接與客群互動，讓孩子可以在小小籃球場中體驗PILOLO靜音球的趣味與美好，除此之外我們也留下四分之一的空間，作為產品包裝的展示架，一旁並留有可穿鞋的座椅空間，讓停佇PILOLO展櫃前的每個人感受品牌散發的溫度，也讓PILOLO的品牌態度透過人來人往的鬧區傳遞至消費者心中，一起和美好並肩而行。

#與美學並肩的童年
#美學從小開始
#靜音的嗨翻球場吧
#想當好鄰居來顆靜音球
#比兩罐養樂多還輕

靜態視覺設計 —— 動態品牌體驗

空間手稿

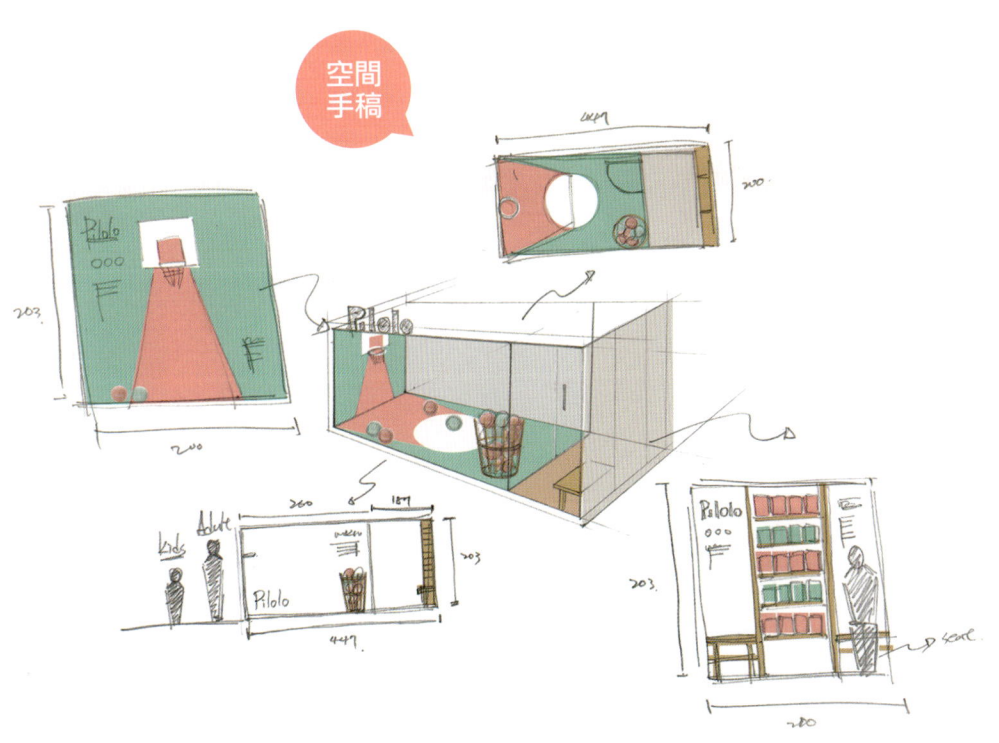

BEFORE THE BRAND
OUTSIDE THE DESIGN

178

LIGHT
TONE
BALL —

safety, quietness, happy, for kids.

Super hyper but low sound, more fun with much less noises!

Existence Design participated in the R&D team's product defining process and later on took the responsibility of establishing an overall plan for the brand image project and product design. We deliberated all the possibilities with different designing conceptions and tried to integrate all the positive/negative, plus/minus discussions into the design hierarchy and visual presentation, so that consumers can be led to comprehend, from a broader view to a more in-depth facet, the evolution and changes of children's lifestyle supplies and modern people's living habit and manner. From here, we deconstructed PILOLO Light Tone Ball's product features, perfectly executed the pre-launch pilot plan and, step by step, established a complete visual appearance for the brand.

PILOLO Light Tone Ball is lighter than 2 small-sized Yakult drinks. The visual advertisement plan of the first wave of product launch is the unique two-fold structure and twin cover page connected to the product's light tone feature to establish a brand new definition for kid's ball-playing setting.

Pilolo
Pilolo , Loading your life

Design Note：

- 解構
- 重組
- 擴張
- 詮釋

design element　　Complete　　Fallen lines　　sunny disposition　　warm　　creative

Design Project	Mr.Turon 杜倫先生	品牌設計類	07. Mr.Turon 杜倫先生 品牌企劃解構
Copyright． 存在設計有限公司 商業秘密文件			

07 Existence — **執行項目**：整體品牌規劃、產品研發輔助、產品包裝企劃設計、空間規劃設計 創意行銷企劃、活動企劃、動靜態攝影企劃

麻糬 / mochi

+

熊 / bear

=

杜倫先生
Mr. Turon

Youxiong comes from far away, Mr. Turon, Delicacy in Hualien

Mr. Turon combines the traditional local mochi with the distinguishing manufacturing that full of creativity, and develops a new must-buy delicacy when visiting Hualien. The lively, cute Mr. Turon, like Hualien itself, brings people the cordial, wonderful, natural, and energetic delight. It welcomes all visitors in Hualien to enjoy the passion of the land, and experience the warmest and happiest good time of eating the local souvenir of Mr. Turon.

杜倫先生品牌企劃過程解析

有熊自遠方來，杜倫先生花蓮好食

杜倫先生是很典型的老感傳產轉型案例，我們試圖讓杜倫先生在店鋪林立的花蓮市做出市場區隔又可以脫穎而出，但仍將老一輩所累積的情感核心延續下去，透過設想計畫做出突破，挑戰花蓮市從未有過的一連串品牌整體規劃，讓不論是在花蓮深耕已久的當地人、或是慕名而來的國內外觀光客，一同見證這樣一個全新伴手禮品牌的誕生。

#品牌工事分享

我們從產品研發開始深入到整個團隊的經營，在互相陪伴的形式中，不斷理解、改善、整合、創新，賦予杜倫先生在市場上更明確的定位，進一步傳遞更深厚的情感訊息，最後成功的讓一個全新品牌杜倫先生Mr.Turon在傳統伴手禮市場中異軍突起。

#執行項目

整體品牌規劃、產品研發輔助、產品包裝企劃設計
空間規劃設計、創意行銷企劃、活動企劃、動靜態攝影企劃

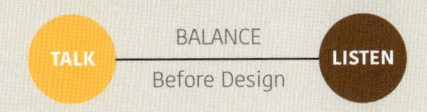

TALK — BALANCE Before Design — LISTEN

有熊自遠方來

杜 倫 先 生・花 蓮 好 食・

Key words of the design

Mr. Turon roots from the Amis word Turon, which means the mochi, and adopts it as the inspiration to rename the new brand of MI TUAN Creative Co., Ltd. The design planning of the brand identity takes three elements as the core concept, Youxiong, the family name Zeng, and the mochi. The original intention of the logo pattern is to extend the founder's family name, Zeng, combine the investigated and collected historical material about it: Zeng came from the family name Youxiong of the Yellow Emperor, and take this implication. The brand identity pattern combines the mochi cross section and the bear's concept, and create Mr. Turon, the one-of-the-kind exclusive spokesperson.

杜倫先生 Mr. Turon

品牌名稱發想與設計元素概念生態鏈

- 物品聯想
  - 麻糬
    - 念法
    - 竹筒 — 小米和稻
    - 剖面
- 文字聯想
  - 有熊氏 — 黃帝時代
  - 熊
  - 曾姓
- 人事聯想
  - 先生
  - 曾先生
  - 阿美族 — 棒球
- 風格想像
  - 可愛俏皮
  - 陽光溫暖
  - 手繪
- 用色聯想
  - 陽光黃
  - 咖啡褐 — 青草綠 — 蛋黃橘

杜倫（麻糬的阿美族語） ＋ 麻糬 / MOCHI ＋ 熊 / BEAR ＝ 杜倫先生 Mr. Turon

BEFORE THE BRAND
OUTSIDE THE DESIGN

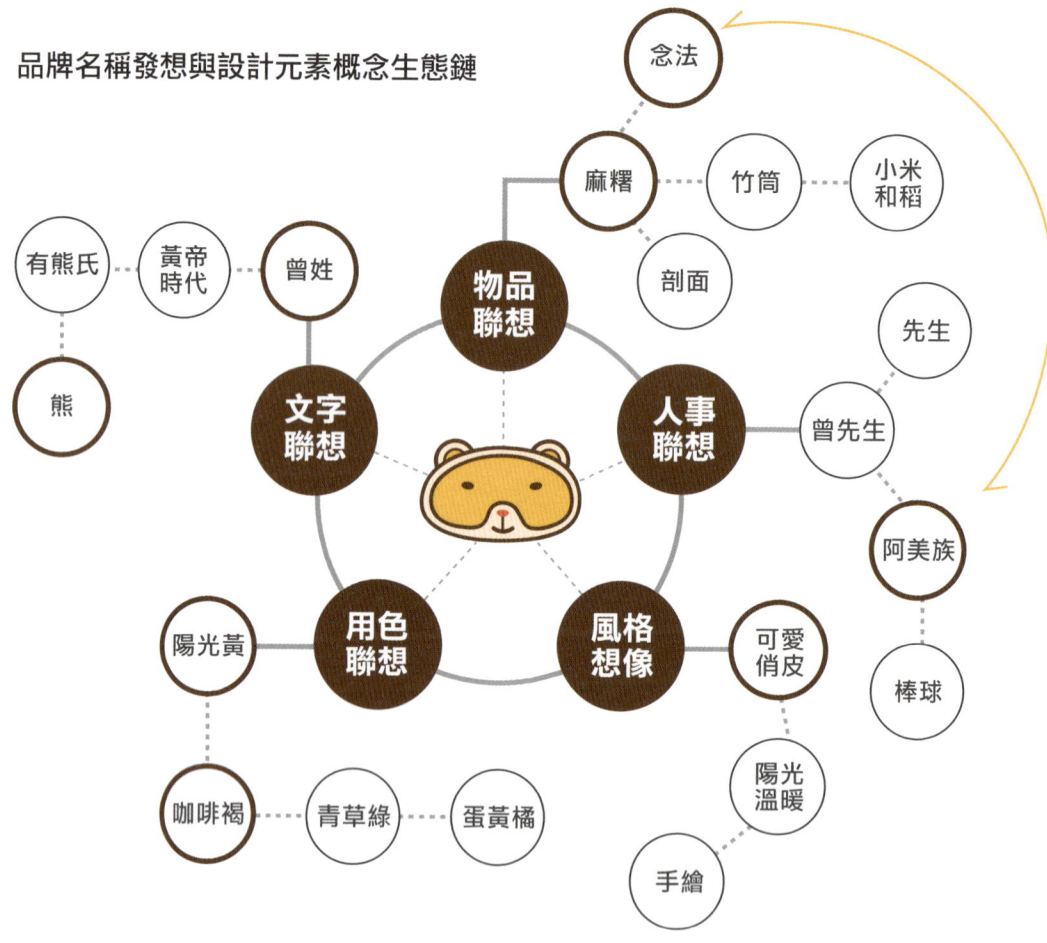

經典傳承的曾姓與有熊氏：品牌識別設計元素解構

杜倫先生Mr.Turon為花蓮老字號伴手禮「曾師傅」之二代延續的經典案例。身為花蓮長大且熱愛棒球的囝仔，創辦人曾瑋亮堅持使用在地食材，延續父親對於花蓮濃厚的情感及靈魂，再集結創意研發的新思維，推出顛覆傳統麻糬定義的新品牌。

我們透過品牌定位分析企劃，萃取出有熊氏、曾姓、麻糬三個重要元素為核心，透過品牌生態鏈能清楚的理解，我們從物品、人事、文字這三個區塊的聯想，延伸創辦人姓氏之有關史料搜集而了解，曾姓原出自黃帝時代的有熊氏之寓意，而將品牌識別之圖形以麻糬斷面與熊的概念結合，詮釋曾師傅與杜倫先生的美好傳承。而品牌名中的杜倫取自生態鏈發展圖中所延伸的阿美族語「Turon」麻糬之意為發想，期盼品牌如原住民的熱情般，賦予杜倫先生美好自然的朝氣。

美感與意義是可以並存的，只要透過企劃的分析解構，將所有的訊息拆解成碎片之後重組意義，不僅能呈現品牌獨特的形象設計，也為傳承的情感增添了真實且感動的溫暖故事。

品牌定位與初期特色產品企劃研發

我們一直想著，怎麼樣才可以創造出更有特色的伴手禮，既能嘗試別人沒有做過的創新，但又能跟麻糬有相關連結呢？我們從花蓮獨特的人事物開始聯想，延伸最緊密的連結，從人、特色、食品、旅遊、伴手禮、原料、原住民、麻糬開始一步步解析杜倫先生特色產品的發展基礎。

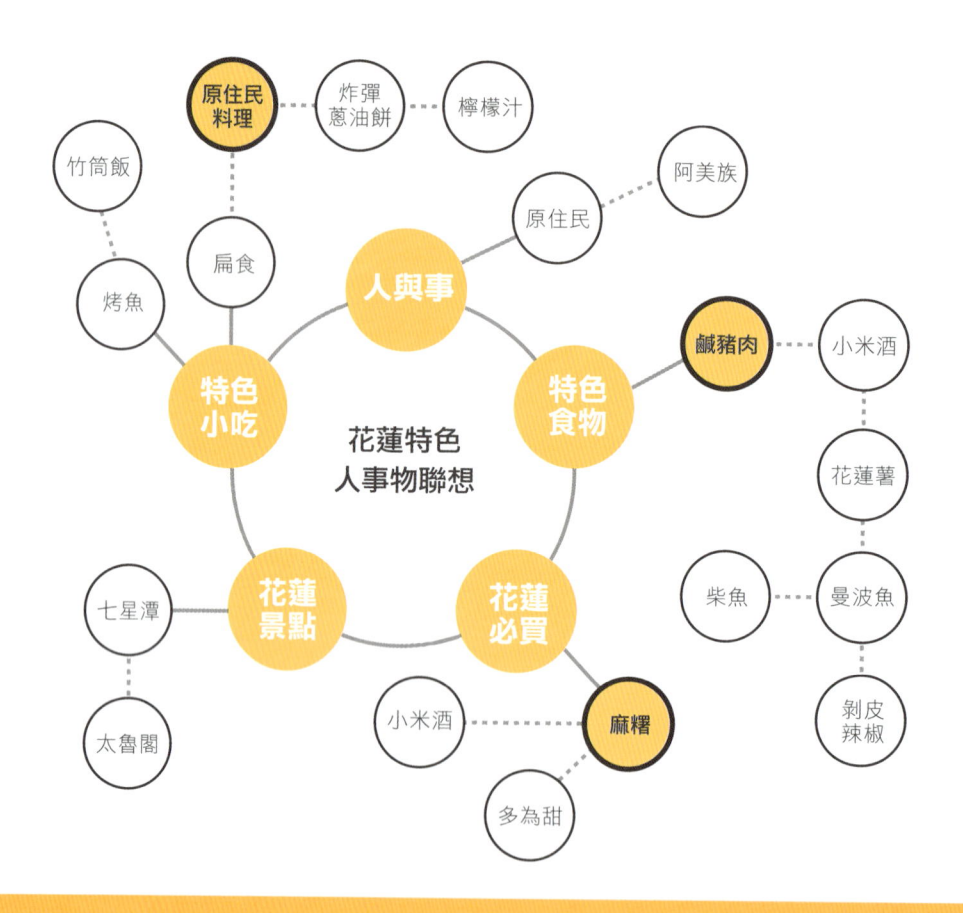

花蓮特色人事物聯想

- 人與事
  - 原住民料理 — 炸彈蔥油餅、檸檬汁
  - 原住民 — 阿美族
- 特色小吃 — 竹筒飯、烤魚、扁食
- 特色食物 — 鹹豬肉 — 小米酒、花蓮薯、曼波魚、剝皮辣椒；柴魚
- 花蓮景點 — 七星潭、太魯閣
- 花蓮必買 — 小米酒、麻糬（多為甜）

產品初期的研發與階段性任務、包裝企劃

我們在初期以產品研發輔助的角色與杜倫先生開啟產品研發討論，決定融合在地麻糬與充滿創意的特色作法，研發出全新的花蓮旅遊必買好味道，規劃設計兩款明星商品：沾醬麻糬以及鹹麻糬。

沾醬麻糬顛覆一般既定印象中餡料只能包覆在麻糬裡面的想法，我們將內餡醬料改以沾醬的方式作為產品研發方向，不僅讓杜倫先生在同樣基礎的麻糬市場中，打破既定的商品呈現模式，透過設計重塑特色商品與其他競品巧妙地做出差異，同時也留住了杜倫先生熱情笑容與好客的地主精神。沾醬麻糬的盒裝結構具備巧思設計可內嵌甜、鹹口味沾醬，整體包裝識別由品牌識別定位延伸，用杜倫先生代言人作為主視覺，成功在市場上推出讓大人、小孩都感到新奇和趣味的全新麻糬伴手禮。

BEFORE THE BRAND
OUTSIDE THE DESIGN

鹹麻糬企劃：所有的創新都有脈絡可以探究

透過花蓮伴手禮生態鏈的延伸發現，在花蓮當地最具盛名的伴手禮麻糬中，幾乎皆是以甜的口味為主，因此打造一款鹹口味的麻糬，成了我們在產品研發時著重的方向。

鹹麻糬原物料選自花蓮原住民最具有特色的鹹豬肉作為內餡，再透過企劃打造店內限定獨家商品，採用半開放式盒型，讓消費者可以在最適合的時間內及時享受，採用讓美味不流失的設定去解決特殊內餡所需要關心的保存問題，在這裡設計的不只是包裝，更有透過設計去解決問題的思考。包裝色彩搭配上選用柔和的粉嫩色系，軟化每一個人的心，讓拿在手上享用的消費者不只吃到美食，同時也擁有視覺上的美味。

產品雖然要創新，但依舊要保有品牌最初的核心精神，這是我們一開始就給予品牌的定位，所以在沾醬麻糬及鹹麻糬的研發中，我們保留大家認為花蓮伴手禮中無法取代的傳統麻糬，就如同老品牌的靈魂跟堅持，加入的是創新和改變它的口味以及吃法，如同創辦人年輕的活力以及思維，這樣帶著老字號情感的新面貌，是一個品牌不能忘記的初衷。

空間企劃設計：用消費動線打造品牌消費體驗的差異，讓消費者帶走最強力的好感記憶

傳統的伴手禮和店鋪在花蓮市的中華路上隨處可見，這樣一個多年環境不變的市場中，我們分別從品牌的定位、視覺、產品去解構，再透過分析企劃後重組這些焦點元素，最後選擇跳脫出舊有販售動線的全新杜倫先生空間設計，杜倫先生一路從創意沾醬麻糬開啟花蓮全新市場，在一片傳統販售模式中，勇於創造全新商品線、改善消費者購物空間、打造品牌質感與產品美學，以創新包裝傳統的好滋味，內外兼具的創新視角，顛覆舊有市場的策略模式，打造全新的花蓮旅遊必買伴手禮標竿。

設計元素解構、文字企劃
About Design Concept：
#設計元素解構 月餅、中秋、賞月
#企劃關鍵詞萃取 月球、太空、月相
#視覺定位整合發想 杜倫先生月餅總署計畫
#文字工程定位 搭乘杜倫號，帶你上月球

搭乘杜倫號、咬一口帶你上月球

2018年全新推出的杜倫先生中秋創意行銷，以咬一口杜倫月餅，好吃得就像一秒直奔太空的美好為創意支撐點，無論是視覺定位、包裝創意，甚至中秋產品研發，每一階段都蘊含著杜倫先生一路走來用時間灌漑、用創意開花、用心去結果的無形美好，讓杜倫先生的消費者群能感受在花蓮的這個品牌，不受地域限制、將創意揮灑得淋漓盡致之外，月餅還「敲好吃der」，在花蓮買一盒杜倫先生可是有點時尚、有點潮呢！

賞月過中秋，咬一口帶你上太空。

杜倫先生 Mr.Turon

MOON FESTIVAL

www.mrturon.com
FACEBOOK / mr.turontw
IG / mrturon

品牌形象擴張 — 讓消費者帶走品牌好感創意力

我們實際品嚐月餅所咬下的滋味，勾勒出美好幻象般的想像力，以好吃就像一秒直奔月球的美好為創意支撐點，透過模擬太空船的操作儀表板為創意視覺定位，讓杜倫先生化身成為首位攜帶月餅成功登入月球的做餅達人，打造杜倫先生的月餅總署包裝企劃。除了登入月球的幽默創意概念外，我們也在杜倫先生中秋計畫裡面結合了感性的設計意涵。在視覺定位中融合了月相的樣貌圓缺變化，意為取其歲月醞釀的美。無論是視覺定位、包裝創意甚至季節產品研發，每個階段都蘊含著杜倫先生一路走來維持著品牌靈魂的初衷，更有著用時間灌溉、創意開花、用心結果的無形美好，也象徵杜倫先生品牌在有序的邏輯策略裡，不停的帶給消費者嶄新變化與無限想像力。

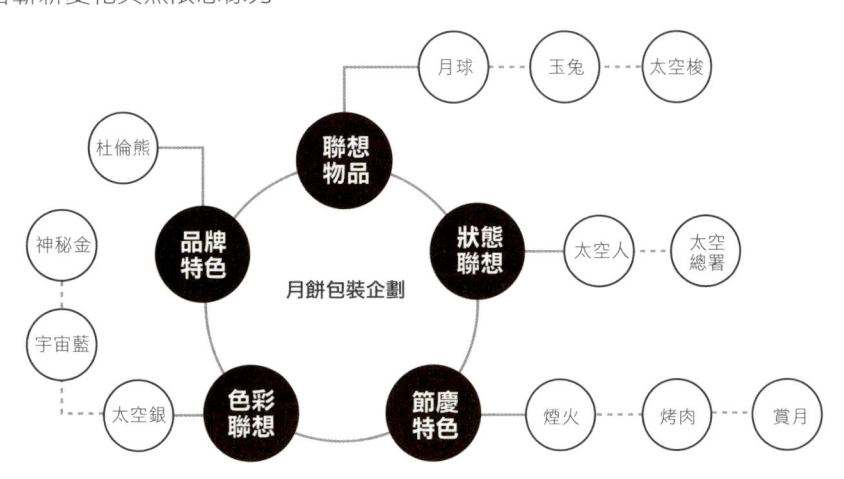

月餅包裝企劃

- 聯想物品：月球、玉兔、太空梭
- 品牌特色：杜倫熊、神秘金、宇宙藍、太空銀
- 狀態聯想：太空人、太空總署
- 色彩聯想
- 節慶特色：煙火、烤肉、賞月

BEFORE THE BRAND
OUTSIDE THE DESIGN

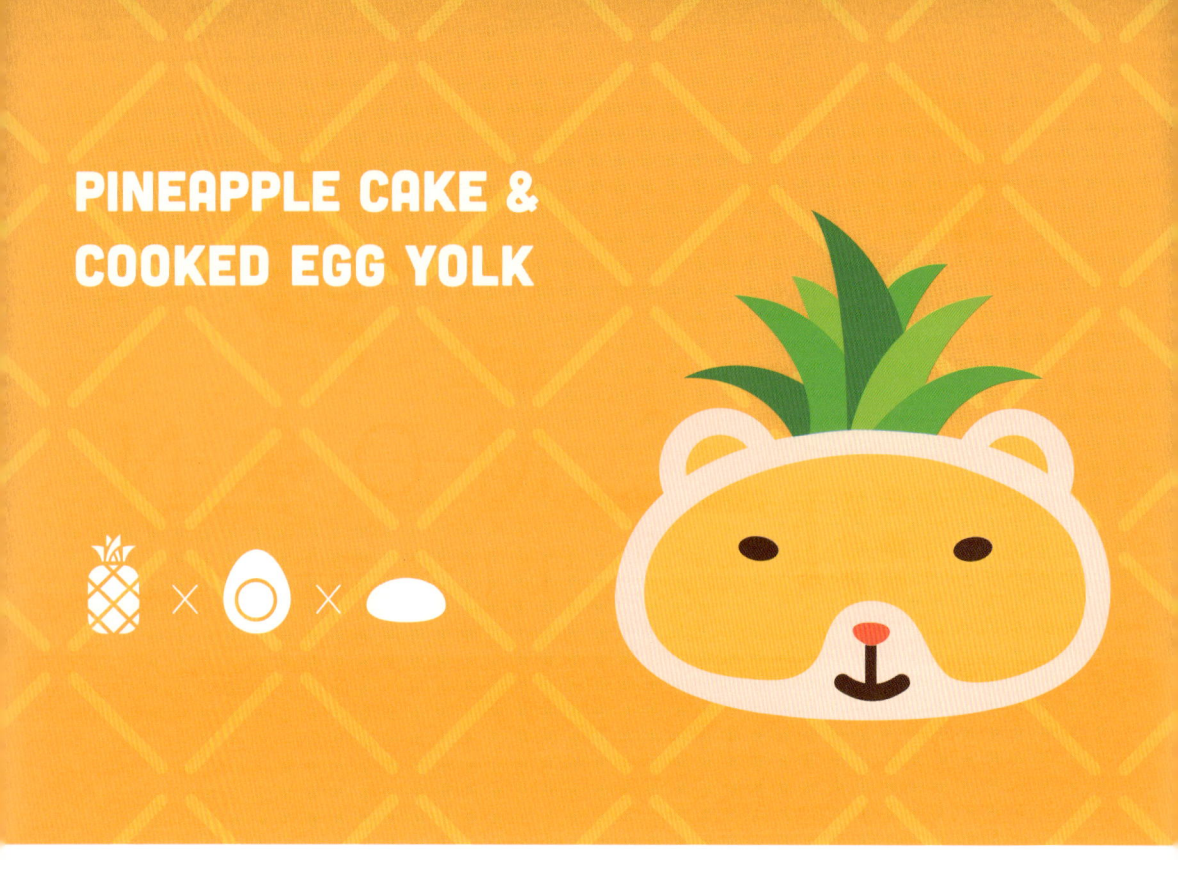

PINEAPPLE CAKE &
COOKED EGG YOLK

\# 穩定的產品質感＋不間斷的特色商品研發 = 跨越舊式循環

即使品牌已經穩定成長了，也仍不間斷的研發新品，與消費者分享每一次研發的感動是杜倫先生經營者充滿溫度的性格本質。隨著季節盛產與當令特色食材而推出各種與麻糬高度連結的伴手禮，總能以看似一成不變的麻糬為基礎，不斷推陳出新，讓消費者感到研發永不斷電的用心與誠意，是杜倫先生持續累積好感評價的關鍵。

\# 與消費者保持良好的互動，得到回饋的同時也是品牌自我成長的養分

杜倫先生透過內部的整合邏輯策略，打造了經營團隊獨有的產品研發力，藉此產生獨一無二的凝聚力並成為品牌核心，這樣的品牌魅力讓杜倫先生無論在網路上、實體店面內，與消費者之間都維持一種良好的互動，相對的，消費者可以直接感受到品牌的那份真實，品牌的好感度也會堆疊累積，形成有形的價值，將這樣的回饋再轉換成內部成長的養分，讓內外訊息形成永續的循環互補。

讓品牌識別與產品特色在包裝上完美連結：系列包裝企劃

杜倫先生 — 花蓮創意麻糬全新鳳黃Q心系列包裝設計，取自麻糬、蛋黃入餡而打造的新口味鳳梨酥為概念，提取食材元素展現於包裝上。大面積的陽光黃搭配著鳳梨菱形底紋和杜倫熊頭上一撮鳳梨葉的綠，將杜倫熊、鳳梨、蛋與黃色的四角元素完美結合。

PINEAPPLE CAKE &
COOKED EGG YOLK

除了美之外：品牌有品牌打造的策略方針、行銷有自己訴求的關鍵

許多人會將初期的品牌企劃設計建置與怎麼販售混為一談，但品牌需要時間的醞釀與累積，而「杜倫先生Mr.Turon」的整體行銷操作主力為「全方位品牌推廣」，經過品牌定位、產品建構、視覺定位……建置後，在產品正式上市前到新品推廣期間，透過企劃策略的操作，循序漸進提升品牌知名度，兩年期中各式檔期促銷活動、媒體廣宣曝光及打造專屬杜倫先生品牌風格的開幕活動：一日美食店長，皆在整體行銷企劃案中一併被思考、規劃執行，才得以在市場中持續成長。

杜倫先生的整體品牌行銷企劃裡，我們將品牌核心能量作為行銷之主力發展，涵蓋行為識別、視覺識別及理念識別三大重點為策略企劃之概念，將產品形象設計觀感建構、網路廣告策略、網路宣傳活動企劃、產品定位塑造、產品初期推廣企劃等重點，整合後再融合杜倫先生之精神，醞釀出有助於產品形象建置等各類對外的行為與活動識別，輔助杜倫先生建立與消費者和市場間的品牌好感度連結。

品牌形象擴張 — 貼圖應用

杜倫先生品牌形象在初建之際，我們塑造了品牌吉祥物／代言人：杜倫熊。此舉不是單純為了增加消費者的視覺記憶，同時也連結了品牌最初的故事情感面，最後結合了行銷訴求，讓杜倫熊的設定得到全方面的拓展，符合現今通訊的使用習慣，推出專屬貼圖，成功地讓杜倫先生在人與人的生活互動之間成為暖心的存在。

Do something that no others have done, try new ideas that have not be attempted

We worked with Mr. Turon's R&D team and management team and started with the idea to create diverse ideas in the way of mutual support and accompany. Within hinted and logic strategy, we are backed by diligent and strict Turon R&D team to provide unlimited imaginations along the path going toward an unknown market. While we accompanied each other, we kept understanding, improving, changing, integrating, innovating and providing clearer market positioning for Mr. Turon, transmitting deeper emotional messages and completing all the interim tasks in stages. And this also implied that we are going to walk together toward the next bold and unknown route. Within hinted and logic strategy to provide unlimited imagination

Mr. Turon combines the traditional local mochi with the distinguishing manufacturing that full of creativity, and develops a new must-buy delicacy when visiting Hualien. The lively, cute Mr. Turon, like Hualien itself, brings people the cordial, wonderful, natural, and energetic delight. It welcomes all visitors in Hualien to enjoy the passion of the land, and experience the warmest and happiest good time of eating the local souvenir of Mr. Turon.

Attitude determines creativity's angle and vision, so consumers can take away the deepest memory of feeling good

Mr. Turon started the path with an innovative flavor-dipped mochi to open up a brand new market in Hualian. Different from traditional marketing manners, Mr. Turon dared to create a completely new merchandise line, improving consumer's shopping zone, and creating the brand's quality feel and product aesthetics. Using innovative packaging to contain the traditional good taste, the innovative prospects from inside out have overthrown old-fashioned marketing style and risen as a new must-buy benchmark souvenir for visitors in Huanlian.

Design Note：

- 解構
- 重組
- 擴張
- 詮釋

design element   Complete   Fallen lines   sunny disposition   warm   creative

Design Project　天下第一好茶	品牌企劃類	08. BESTEA 天下第一好茶 品牌設計解構
Copyright．存在設計有限公司 商業秘密文件		
08 Existence	**執行項目：**品牌企劃、品牌識別、品牌設計、包裝設計、視覺設計、視覺定位 攝影企劃、視覺延伸	

BESTEA

Best Tea In The World

品牌設計企劃解析

用品牌名稱，打造一杯茶的好感

天下第一好茶的名字，是這個品牌最早被確立的核心。
當這四個字出現在企劃討論裡，最先感受到的，是它帶著一種
直接、純粹的語感。這個名字沒有拐彎，也不需要額外的解釋，
它很明確，也很有記憶點。

有趣的是，這名字雖然語氣大方，但裡頭藏著微妙的反差感。
既純粹直接也帶點生活幽默。天下第一好茶不只是單純的
「自信宣言」，更是一種對茶的日常感知，一句生活裡的語言、
帶著一點浪漫幸福，卻也有著精緻茶的份量感。

「好茶」，在這裡不只是品質的形容詞，更是生活裡那種隨時可得
卻也值得珍惜的選擇。這是一個讓人可以自然說出口的品牌
「天下第一好茶」

#執行項目
品牌識別、品牌設計、視覺設計、視覺定位、視覺延伸

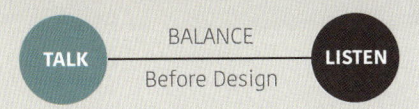

TALK —— BALANCE Before Design —— LISTEN

設計前導的企劃｜不只是品質形容，更是生活的選擇

「天下第一好茶」這個名字，從一開始就不需要多說。它像生活裡那些說起來自然、不帶修飾的直接、坦率，就像有人喝著茶認真地說：「這就是我心裡認定的好味道。」簡簡單單，卻讓人聽了會心一笑。

在設計前我們認真咀嚼這個名字所帶來的感受，總覺得像帶著一種生活的溫度，也有點像老朋友間默契的點頭，也像午後陽光下，那杯靜靜陪著你的溫茶。

品牌的企劃的起點，其實很單純。我們不刻意把茶塑造成什麼高深的品味象徵，而是想讓它回到生活裡最純粹的位置，那杯你隨時想喝、隨手就能沖泡的茶，既可以自己享用，也可以輕鬆分享，甚至在重要時刻送人都不失體面。

我們相信最好的設計，不是讓品牌變得高不可攀，而是讓它能自然地存在於日常之中。就像這杯茶，不需要等待特別時刻，也不必懂太多知識，只要有需要，它就在那裡，剛剛好。這也是我們設計企劃的起點。我們想做的，不是塑造一個新形象，而是讓這杯好茶，成為生活裡不被打擾、卻始終陪伴的存在。

視覺系統與設計策略｜讓品牌的心覺，成為所有設計的出發點

我們想做的，只是把這杯茶的溫度，留在視覺裡。茶一直都是這樣的存在。沒有太多聲音，沒有多餘解釋。它總是靜靜陪著，在你想喝的時候，就在身邊。我們希望這個品牌的畫面，也能帶著這樣的感覺。簡單、安靜、自在，沒有距離感，也沒有負擔。

整體的設計氛圍，是輕盈的、乾淨的、溫潤的，希望讓人看見時，心裡會浮現這樣的想法：這是一杯可以天天喝的茶，也是一份帶點心意的禮物。自己喝很可以，送人也剛剛好。

色彩也是重要的元素。我們設計的色調很溫柔，不濃烈，帶一點霧氣，像是午後陽光灑進屋裡的那種美妙，搭配一點金的細節，就像茶湯表面微微的光澤，不特別提醒，卻自然存在。字體與圖像的安排，也保留了柔和的弧度和簡單的留白。畫面乾淨，卻不冷淡，設計到最後，我們心裡想的其實很單純，只是想讓這個品牌，像這杯好茶一樣，自然而然地留在生活裡，靜靜地，陪著。

設計語言 ｜ 生活場景聯想：讓設計成為日常節奏的一部分

設計的角色，不只是用來傳達資訊，更是為了營造一種被感知的日常。在規劃整體視覺時，我們就很清楚：每個品牌都不能只停留在視覺表層，而必須真正與生活產生連結。設計要讓人感覺到「好茶」不是遙不可及的存在，而是一件能自然融入生活裡的小事。因此，我們為天下第一好茶設定的主軸，是讓茶成為日常生活中的一種自然節奏，不需要被特別放大，也不需要過度解釋。就像是桌上隨手擺放的那杯溫茶，看似不經意，卻是生活裡的重要陪伴。

整體的圖像與色彩語言，也都是基於這樣的核心概念所展開。設計不追求過度的視覺張力，而是透過低彩度的色調、柔和的圖形線條與細膩的企劃。我們在包裝與印刷物中安排了不同層次的觸感變化，例如燙金的微光、紙張的霧面質感、軋型的小巧細節。

在應用設計上，無論是茶包盒、禮盒包裝，還是社群素材、DM設計，都為了讓人產生一種習慣性的熟悉感，知道在任何時刻，都可以簡單喝杯天下第一的好茶，也能輕鬆地分享給別人。生活場景的聯想，不是刻意安排的視覺橋段，而是設計語言本身所帶出來的氣氛，讓好茶在日常中被看見，也被留下。

BEFORE THE BRAND
OUTSIDE THE DESIGN | 208

包裝設計｜讓品牌價值，透過包裝被具體看見

如果說品牌識別是整體語感的基礎，那麼包裝設計，就是天下第一好茶最直接、也最具辨識度的語言載體。茶葉與大眾連結的第一步，除了網路平台視覺之外，就是從包裝開始。不只是因為包裝本身承載了商品功能，更因為整個品牌的節奏、氣質與細節，都在包裝裡被看見，也被放大。在這套包裝的視覺企劃裡，我們最重視的其實是如何透過畫面去安排品牌的語氣。

每一個包裝系列，我們都讓它有自己清楚的角色定位。像是「禮盒包裝」系列，我們設定的視覺節奏，就是穩定、溫潤、內斂，色彩選用上偏向深沈而溫和的色調，搭配大面積的留白與節奏感強烈的字型排列，讓禮盒在視覺上有明確的精緻感。

限定版包裝則有更創意的茶意象結合，例如氣球、茶山、太陽等意象，畫面中保留了品牌語氣的基礎，但畫面語氣更輕盈，讓這個系列能自在融入節慶、祝賀、活動贈禮等情境，同時依然與品牌主軸相連。

「天天好茶」系列，則是我們特別為日常贈禮視覺延伸，這系列的包裝畫面同樣輕盈、帶點生活感，用較明亮、輕快的色調去詮釋，視覺上保持簡潔，透過細節與比例來營造親和感。這些不同包裝載體視覺上的差異，其實全都圍繞著同一個核心問題「怎麼讓包裝既有各自角色，又不失品牌的核心？」我們在企劃時，設定的從來都不是單一「風格」，而是一套能讓品牌持續被感知的畫面策略。

更重要的是，品牌包裝企劃不單是單次的視覺，而是可被長期延伸、靈活應用的設計語言。從不同的季節活動，到節慶版贈禮，再到日常茶品販售，包裝都能隨著不同需求自然調整，就像人的衣服一樣，可以有各種不同的樣貌變化，但靈魂不變。

在這個品牌裡，包裝早已不只是商品的外衣，而是品牌媒介與載體。

每一個被收到、被打開、被分享的瞬間，包裝都在替品牌說話，也成為了品牌最直接的記憶點。

重新定位的策略價值｜從零開始，建立一套可以被長期使用的品牌生態

當一個品牌從無到有的被創造出來時，所有設計決策，都是在一個最純粹且乾淨的起點上展開。當時我們最核心的企劃目標，其實很單純，如何為這個名字，打造一套能夠被長期使用、被自然延伸的視覺，這不只是為了識別一致性，更是為了讓品牌在未來每一次出現時，都能保有相同的辨識節奏。

設計工作從來不是單點的視覺選擇，而是一套系統的建立。視覺上的每一個元素，從創意、色彩、圖形、字體、元素、編排、空間比例，都必須為圍繞在品牌氛圍底下成就，在每一次設計鋪陳與細節中，我們會反覆問同一個問題：「這樣的安排，能不能讓品牌在未來不同情境中，依然詮釋出同樣的感受？」

核心策略很快就聚焦在「建立節奏，而不是僅僅建立風格」。我們先確立了品牌的視覺節奏，從日常的、生活的、可以被長期感知的氣質。接著，所有的視覺細節都圍繞這些關鍵來設計。不只是為了當下的包裝與識別，而是為了讓品牌在未來可以持續擴展，無論是社群應用、DM、限定包裝，還是其他周邊設計，都能自然地延續下去，而不需要每次重新思考或再造。

真正的策略價值，往往不是在於創造了多少新鮮感，而是讓品牌在每一次的變化，都能維持自己的氣質。這份穩定創造，才是品牌最重要的資產。品牌跟人一樣，透過時間累積會萃煉出不同的智慧，品牌是一場記憶價值戰，每一次設計的任務、每一個包裝、都是讓大眾透過這些載體記住品牌樣子的機會！

要說是品牌設計，或許形容是「為天下第一好茶企劃一套屬於他們的品牌宇宙」，在宇宙裡有生態，生態中會有視覺語言、設計元素、有灌溉這些品牌生長的養分，即使同樣都是茶葉品牌的客戶，但他們販售茶葉、種茶的心截然不同。一份心存在而言就是一個宇宙，我們不只是在做設計，更是在為品牌打造屬於他們的未來，讓每個品牌能被時間慢慢累積、被日常溫柔記住。

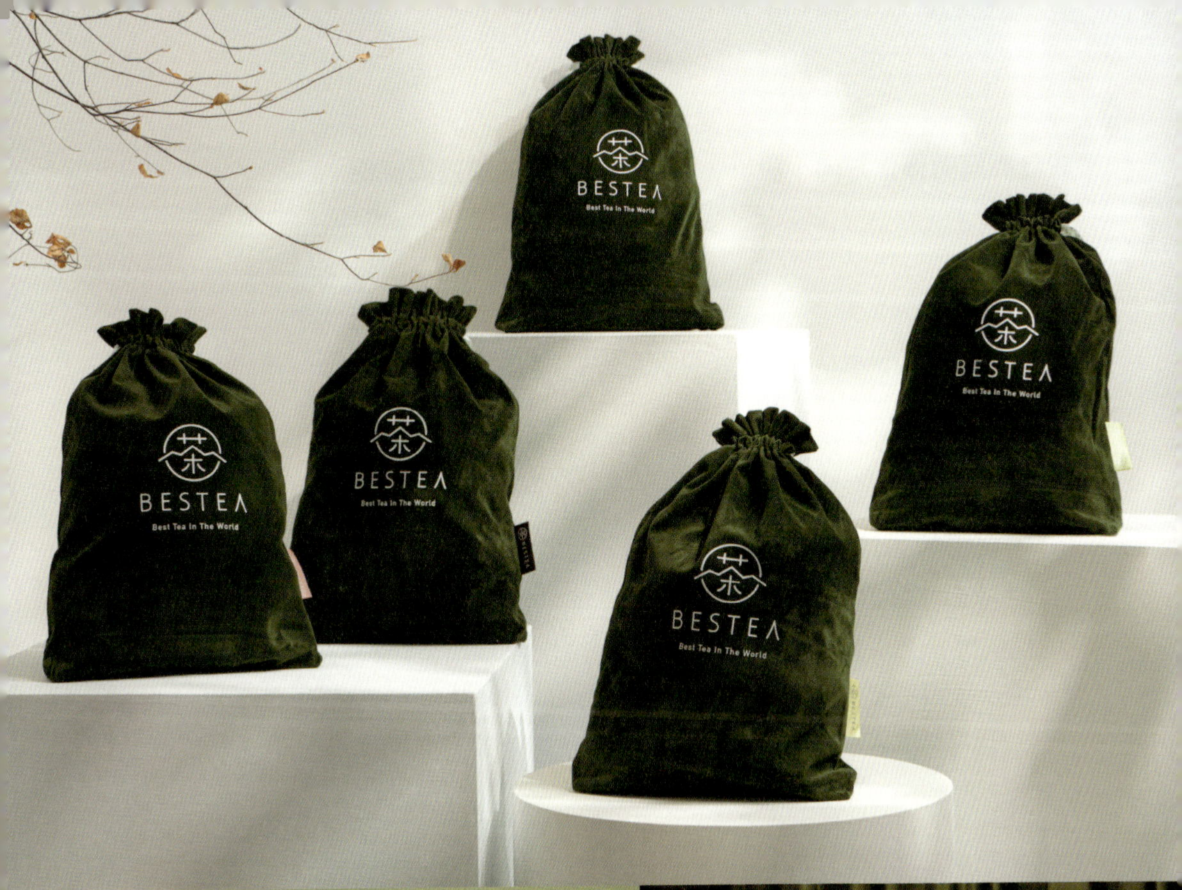
BESTEA
Best Tea In The World

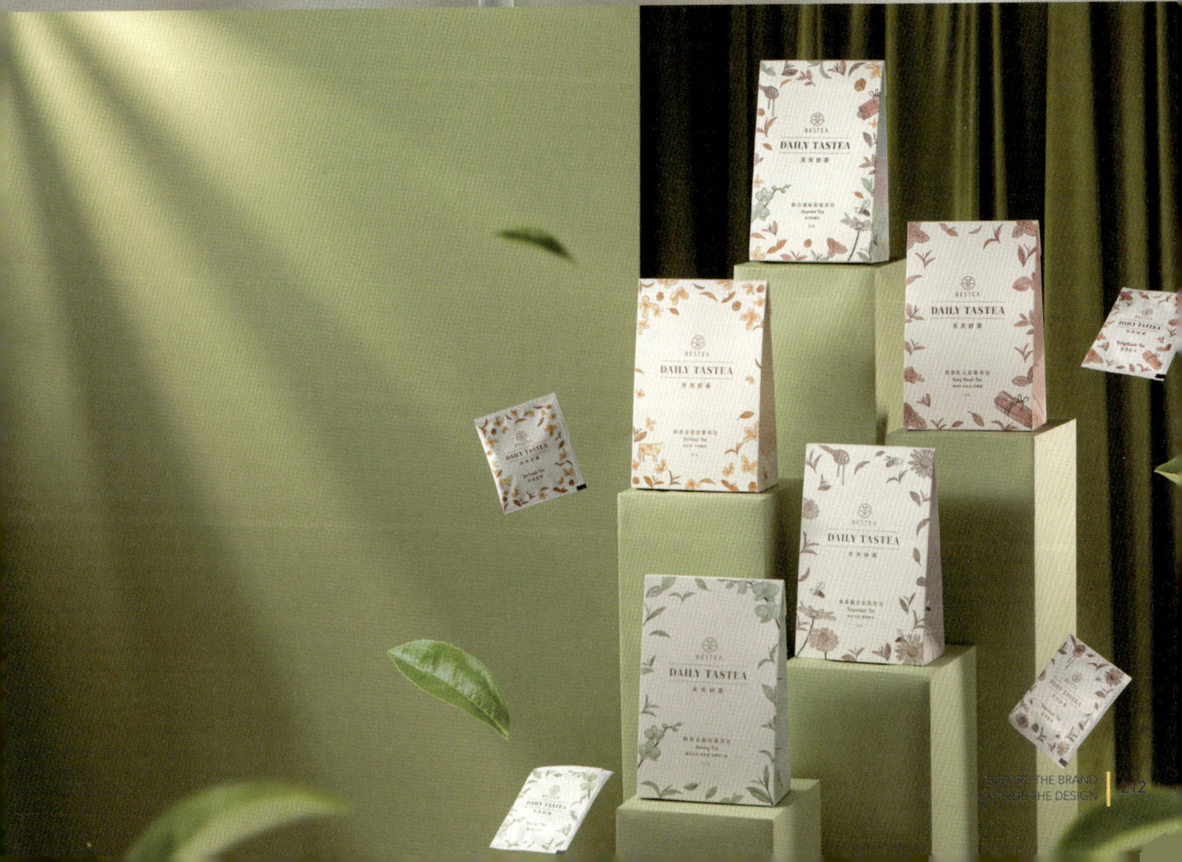
DAILY TASTEA

設計問題與優化方向｜設計，其實是一次次的取捨與保留

天下第一好茶設計的過程，很多時候不是在增加，而是在慢慢減少。

我們花了最多力氣的，並不是增加元素，而是去除那些不必要的裝飾與過度的訊息堆疊，讓品牌的氣質回到最純粹的狀態乾淨、溫潤、帶著安定的存在感。

企劃的關鍵一直都在這裡。每一個視覺元素的安排，都是一種在別人心中留下好樣子的選擇。設計可能要不斷檢視：這個畫面，有沒有多餘的聲音？這樣的比例，是否能保留品牌特有的穩定氣質？色彩、圖像、文字的排列方式，有沒有連結品牌真正想傳達給大眾的模樣？

色彩策略上的取捨就是個很明確的例子。在可以的情況下，我們避免太飽和、太強烈的色調，選擇那些能長時間陪伴的柔和色彩，讓品牌在各種媒介與情境中，都能維持一種自然的畫面節奏。

文字與圖像的安排同樣如此。我們刻意保留足夠的留白，讓設計本身帶有呼吸感，不讓畫面顯得擁擠或沉重。這樣的設計語言，讓品牌在視覺上有更多的延展空間，也讓細節能夠在不同應用中被自然延伸。

整體來說，這場設計並不複雜，但每一個選擇都經過仔細推敲。不是因為我們不能設計更多，而是因為品牌不需要更多。真正的挑戰，或許不是設計技巧、或者設計能力吧！而是如何在品牌調性下，維持那份剛剛好的畫面氛圍，讓品牌的存在感穩定而持續。

我們始終相信，設計的價值，不只是讓品牌好看，而是讓它在每一次出現時，都能自在、安定、自然地被記得，留下消費者心中的好樣子。

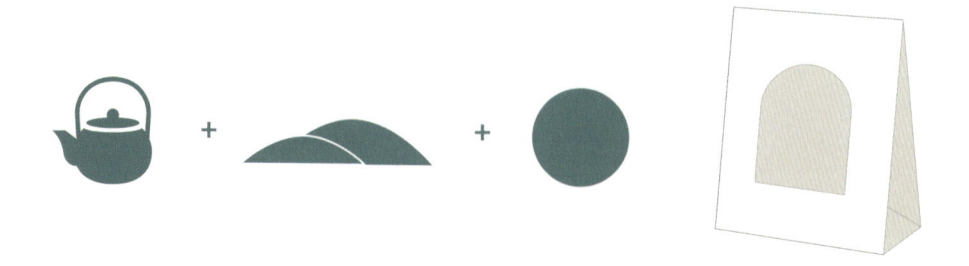

茶
DEAR
BLESS YOU
BESTEA
茶
BEST TEA
IN THE WORLD
BESTEA
茶
THANK YOU
BESTEA

五個成功設計的關鍵要素｜好茶的力量，藏在最穩定又有創意的設計節奏裡

整體設計過程裡，我們一直在想的，是如何讓這個品牌的溫度被留下來。我們沒有刻意去追求特別的手法，反而是一步步地把所有細節放好，讓它們自然地組合起來。最後我們發現，有五個設計裡的小選擇，讓天下第一好茶的品牌氣質被完整留下來：

1. 名稱的直接與巧妙，成為設計的起點
品牌名稱「天下第一好茶」本身就帶著強烈記憶點，也帶有自然的幽默與親切感，這樣的名稱為設計定下了輕鬆、不做作的基調，讓整體設計在一開始就有明確的節奏方向。

2. 色彩策略的溫度，讓品牌氛圍保持一致
在品牌底下建構的所有視覺、包裝的顏色，都帶著柔和的安穩，不是鮮明的衝擊色，而是可以長久陪伴的低飽和色調。這樣的顏色，讓品牌在任何時刻看起來都很舒服。

3. 包裝設計的安定感
從禮盒、茶包到節慶系列，每一款包裝都保留著輕盈但穩定的氣氛。畫面不會太滿，也不會太空，剛好適合日常與送禮之間的平衡，讓品牌在日常與儀式感之間都能自如切換。

4. 字體與圖像的選擇，讓品牌氣質具象化
字體與輔助圖形的設計保持著柔和與穩定，線條與比例的安排細緻而克制，不強調視覺張力，卻能在每一個細節裡，讓人感受到品牌的細膩與溫度。

5. 整體的統一性與延續性，讓品牌擁有長期節奏
我們為天下第一好茶所創造的設計，是可以被長期使用的視覺策略。無論是社群、包裝、影像、還是其他延伸載體，都可以自然地延續下去，不需要重新調整。

這五個選擇，讓品牌的設計不只是「好看」，而是讓品牌的存在感慢慢累積，最後成為一種穩定的記憶。這就是設計最溫柔也最有力的地方，大概就像人吧！要被記得你的好也不是一時就能達到，一定需要長期的累積與影響力。

做才開始，開始去做！每個品牌開始的一小步都是往後累積一大步的重要關鍵唷！

設計真正的難度
其實不在技巧
而在「剛剛好」

剛剛好有多難呢

就想像一杯茶的溫
度要剛剛好

一個人說話要說得
剛剛好

不容易
但值得追求

BEFORE THE BRAND
OUTSIDE THE DESIGN

Design Note：

- 解構
- 重組
- 擴張
- 詮釋

design element　　Complete　　Fallen lines　　sunny disposition　　warm　　creative

Design Project　阿甘薯叔	傳產轉型、品牌再造	**09. Uncle Sweet 阿甘薯叔 品牌再造解析**
Copyright．存在設計有限公司 商業秘密文件		

09
Existence

執行項目：整體品牌規劃、品牌識別微調更新、新品包裝企劃設計

品牌規劃更新

design element
Complete
Fallen lines
sunny disposition
warm
creative

阿甘薯叔品牌再造過程解析

阿甘薯叔57號 · 台農伍拾柒號的尋味之旅

2013年，存在設計團隊跟著阿甘薯叔一起踏上尋味之旅，以甘薯為品牌名稱概念，加上象徵台灣人情味、純樸開朗的真性情，融合品牌創辦人阿益師樸實樂天的個性和雲林縣水林鄉台農57號地瓜產地為聯想，將品牌名取為「阿甘薯叔57號」，以現代插畫設計出象徵台灣形狀又像地瓜般開懷大笑的品牌識別，讓消費者更能貼近阿甘薯叔在地品牌傳達的核心。

#品牌再造工事分享

2018年，我們接到了品牌規劃重置的任務，保留了阿甘薯叔的核心精神，延續朗朗上口的品牌名，透過精準的微妙調整，維持視覺上辨識的強度，卻在運用上更加靈活彈性。五年的時間，讓一個品牌成長至穩定，也遇到品牌週期中需要面對的轉變，與客戶共同面對每次週期的躍進，這不僅是一種挑戰，也是互相陪伴的感動。

#執行項目

整體品牌規劃、品牌識別微調更新、新品包裝企劃設計

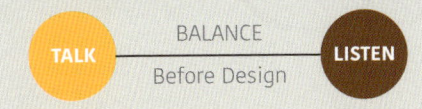

TALK — BALANCE — LISTEN
Before Design

品牌識別更新、重置解構梳理

每隔一段時間，品牌形象與識別都會因流行文化符號與市場的改變而微調樣貌，就像五年前的衣服與五年後的款式流行會有點不同，而品牌也一樣。阿甘薯叔是存在設計團隊陪客戶從無到有的台灣在地品牌，在過去五年之間，我們從企劃、形象、包裝一步步成功地打下國人對於台農57號地瓜更深一層的認識，也協助阿甘薯叔再切入市場時有個美好形象的開端。隨著知名度的上升、產品類型的不停研發擴張，阿甘薯叔開始走出台灣，帶著水林的陽光、友善的農民繼續往前進，如此一來，品牌也面臨了消費市場型態的改變，也就是遇到了需要轉變的週期，這個週期同時也是我們一直提到的：從無到有、從有到美、從美到好。

從無到有 ── 從有到美 ── 從美到好

\# 品牌的成長是一條緩坡，每一個坡度的節點，都有著該階段應該完成的任務以及使命，站穩了之後才能往下一個點邁進。我們在阿甘薯叔的第一個節點扎了根，使之前進，再次相遇是為了讓品牌有效的轉化，更穩固的步入下一個節點。

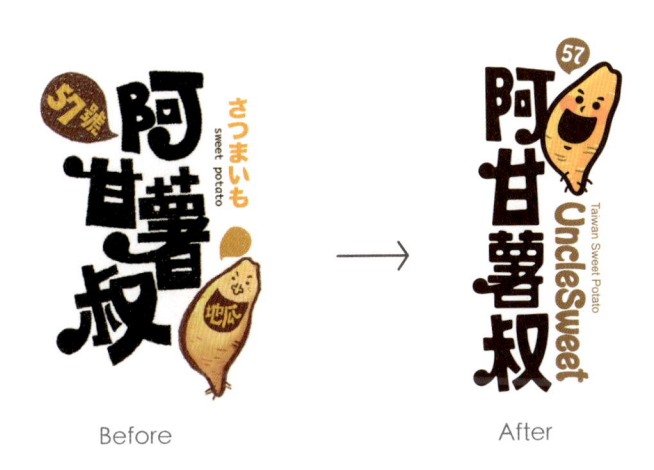

Before → After

Tree diagram of Brand

阿甘薯叔五年
品牌形象擴張累積

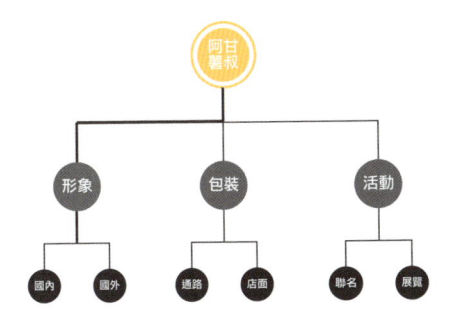

收集市場訊息後
微調更新再度美好出發

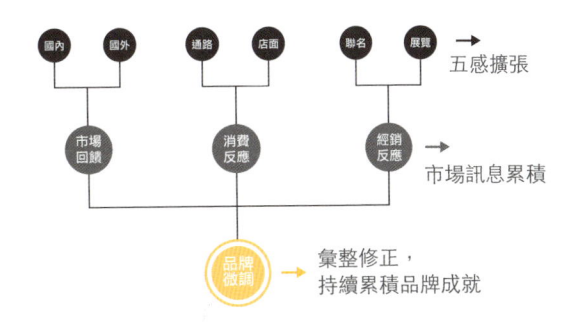

→ 五感擴張
→ 市場訊息累積
彙整修正，
持續累積品牌成就

對內形象企劃脈絡：透過品牌核心分析後→給予形象企劃策略的分類，再向下延伸為形象包裝與活動→最終成了擴張到市場累積品牌名聲的養分

對外品牌擴張與回饋：透過五感養分的擴張→形成回流價值的累積→最終達成品牌成就與下一步的修正訊息累積

主要視覺調整與包裝更新方向

針對圖形的線條以更簡易的勾勒，重新解構阿甘薯叔標準字與圖形的編排，更有利於多種品項以及包裝設計上的應用修正，中英文組合可應變不同國家市場所需要的各式規範，台農57號地瓜的圖形依舊傳達品牌讓人開懷大笑的感受，而蛻變之後的阿甘薯叔57號，以簡單直接的視覺重新深入人心，卻擁有不變的初衷。

在新品包裝企劃中，我們依據品牌規劃重置的方向轉變風格，利用大色塊以及高彩度的方式，融合中西方的設計風格，延續新識別的簡約俐落感，讓品牌的廣度提升，突破舊有格局，但仍舊傳承著品牌的美味及堅持，友善栽種、契作相挺，用全新的品牌識別與包裝持續傳達每一個農民的純樸笑容。

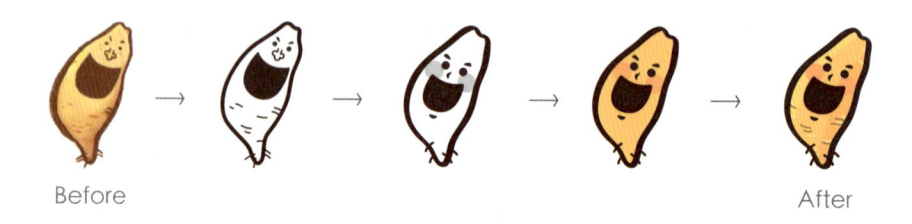

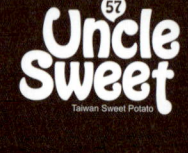

Before → → → → After

中文為主 / 英文為輔

英文為主 / 中文為輔

BEFORE THE BRAND
OUTSIDE THE DESIGN

包裝企劃與設計元素解構

阿甘薯叔在這次的品牌識別重置任務裡，同時增加了新品的包裝企劃，就是同樣以台農57號地瓜研發出的姥姥地瓜泡芙及地瓜點心脆麵。在姥姥地瓜的視覺設計上，我們突顯阿甘薯叔最簡單的幸福之源，也是產品本身最大的特色：「台農57號地瓜」，藉由包裝上呈現地瓜原料、美味泡芙的直接式設計圖樣，讓消費者可以辨識產品的口味，滿滿的綿密地瓜內餡在口中化開的「視吃」藍圖，刺激消費者的口腹之欲。地瓜脆麵以脆麵照片觸發消費者的口感連結，感受脆麵在口中咔哩咔哩的酥脆及涮嘴，不自覺的吞嚥口水，促進消費者購買欲。

View Package

品牌視覺的階段性成長任務

在這一次的品牌識別更新會議裡面，我們討論著這些年來品牌識別在消費者心中的良好印象，與該如何透過視覺保留原有的品牌辨識度與靈魂。阿甘薯叔希望能從現今市場流行的符號下手，也希望整體識別能從在地文化的情感切入，在感動之餘多一層時尚與氣質的品味，於是我們嘗試多方的溝通與切入點，最終達成以手繪精簡的線條、保留主形象標準色彩的比例配置來微調品牌識別，再加入阿甘薯叔英文名稱輔助。而時尚與國際性卻不失台灣在地情感的訴求，則以包裝企劃為主要更動的方向，透過識別微調加上包裝的全新樣貌，改造阿甘薯叔第二階段的視覺訴求與下一階段的品牌成長。

品牌識別更新步驟與設計執行綱要

解構　☐品牌視覺微調分析 → ☐市場訊息彙整 → ☐概念解構

重整　☐修正核心發想 → ☐設計元素構成 → ☐主題視覺調整

詮釋　☐視覺樣貌定位 → ☐色彩計畫 → ☐視覺動線 → ☐版面編排

Design Note：

- 解構
- 重組
- 擴張
- 詮釋

design element　　Complete　　Fallen lines　　sunny disposition　　warm　　creative

BEFORE THE BRAND
OUTSIDE THE DESIGN

Design Project　上海醒力	品牌設計類	10. WAKE UP 上海醒力 設計解構
Copyright．存在設計有限公司 商業秘密文件		

10 Existence　　**執行項目：**品牌形象定位設計、包裝企劃、視覺定位、攝影計畫

企業背景解構＆主要產品解構：解酒飲料

上海醒力食品有限公司成立於2016年底，是一家專注於研發、推廣和銷售功能性飲品的創業公司，致力於在中國這波消費升級大潮中成功佔領功能飲料這片藍海。上海醒力定位於解決年輕消費人群的亞健康痛點問題，研發具有針對性的功能性飲品，以有效滿足各種長短期需求。上海醒力的團隊成員來自中外各大快速消費品公司，經驗豐富，能力出眾。

我們在目標25-35歲，生活在一二線城市的消費者情感洞察中發現，他們普遍社交生活繁忙、飲酒頻率較高，酒後常出現宿醉的不適和疲乏感。由於在生活中勇往直前、勤於工作、忙於應酬，在這樣的生活間隙裡，他們衷心希望自己每次飲酒交際後的第二天，能夠不必從宿醉的頭疼和疲憊中清醒過來，能一如往常地應付隔日的工作與生活。

企劃切入點解構：市場定位與包裝區隔

中國年輕的飲酒客群已經開始正視健康的需求，但相應的市場卻仍處於萌芽狀態，缺乏有領導性和清晰定位的全國品牌。真醒定位在日常解酒醒酒的功能性飲品，我們企劃以「直接清晰的產品定位溝通，加上明確視覺分析，從工作中常見的宿醉不適入手，幫助提高身體分解酒精的能力，展現酒後不必從宿醉的疲累中醒來，且能精神滿滿地迎接生活挑戰」為包裝外貌展現，完美的與其他品牌作出強烈區別。

「如果我們就理性和感性來看待真醒的內外呼應，那產品理性的配方質感會是上市後消費者反饋的價值回流，而適合的企劃與包裝就是品牌價值觀的最好展現。」

LISTEN

品牌分析與產品市場力

目前中國醒酒飲料市場仍處在較低的發展水準，市場品類較小，產品質量參差不齊，缺少代表性的本土品牌，與酒類市場的長期火熱相比，在醒酒理念上尚未達到意識對等，這些都是不容忽視的現狀。

功能性飲料市場大、增長快，是整個飲料市場發展的驅動力，而其中消費者對功能性食品或飲料的傾向性逐年增強，其中排毒解毒是他們最關心的健康問題（解酒即是幫助肝部排毒），而真醒是定位於男性日常解酒醒酒的功能性飲料，從工作中常見的宿醉不適這個市場的需求點切入，專注為消費者提供具科學、專業和有質感的功能性解酒飲品，真醒經過科學嚴謹的實驗後，發掘出枳椇子在特定濃度下的解酒價值，幫助消費者提高身體分解酒精的能力，從而在第二天不必從宿醉的頭疼和乏累中清醒過來。

「真醒」在市場亂流中尋找機遇，一方面憑藉有效的配方，另一方面透過雙方跨海合作，以設計力協助打造性格鮮明的品牌包裝，使產品與品牌希望傳遞的核心價值能在產品上市後相輔相成。

TALK

「OK，所以找到合適的設計切入點，就能準確地透過設計元素和風格表現來傳達品牌理念與產品的價值。」

設計前導：醒字的核心意義解構

醒字本意為昏醉的黑暗中出現意識的星光，比喻醉意消失、神智恢復，由閉目沉睡到醒來的感知清晰為「覺」，由沉醉迷糊到神智清晰為「醒」。

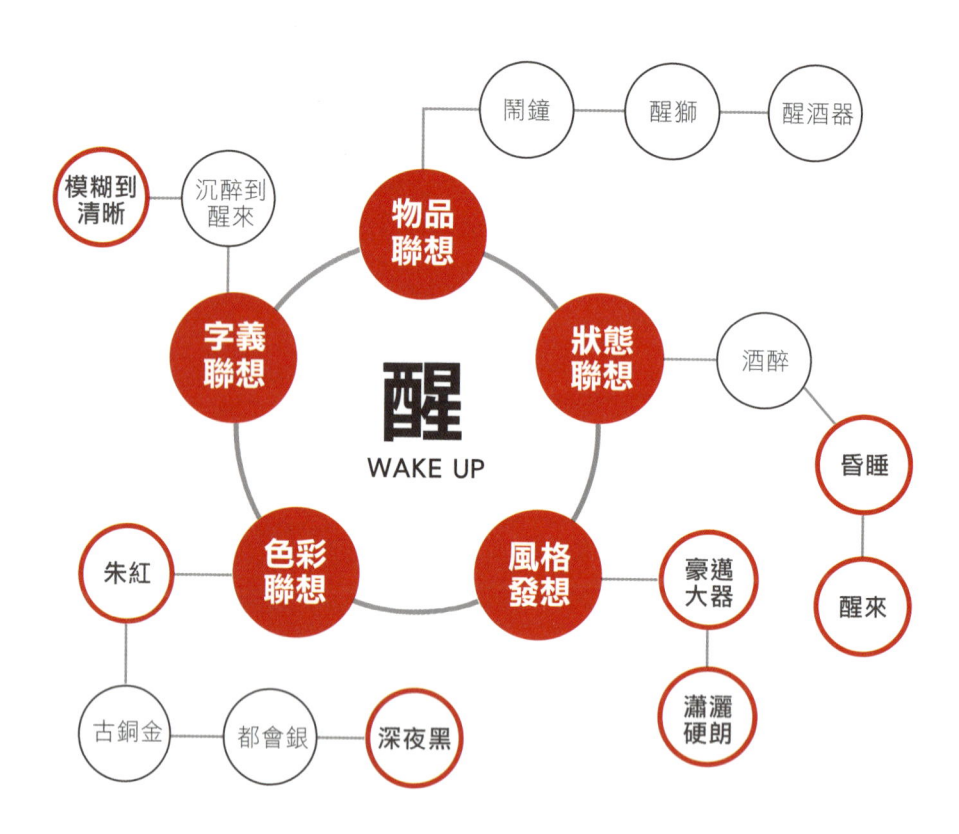

```
                    鬧鐘 —— 醒獅 —— 醒酒器
                      |
  模糊到   沉醉到    物品
  清晰     醒來      聯想
      \    |       /
       字義聯想         狀態聯想 —— 酒醉
           \    醒             |
            \  WAKE UP         昏睡
           色彩聯想    風格發想    |
           /     \      \      醒來
       朱紅              豪邁大器
                          |
    古銅金  都會銀  深夜黑  瀟灑硬朗
```

包裝企劃元素探討與聚焦：WAKE UP！KO宿醉

我們在包裝設計企劃中，針對用戶的宿醉情感訴求，進行深度的企劃設計思考，以 Be a good man everyday 為主要核心價值。瓶身黑色的背景、大氣揮毫的「醒」字設計，發展出真醒男子漢的主要視覺，暗喻著人從宿醉中醒來到現實世界的過渡感，整體設計提取在宿醉的迷失與不適之中，給予消費者清醒的力量和貼心的保護，讓人即時恢復狀態、精神飽滿、擁有男子漢的一天，作為主視覺的切入點。

主形象視覺元素提取串接

最終我們以醒字為核心意義，解構所得到的關鍵元素後，再串接起來，由虛到實、從模糊到清晰、從昏睡中醒來等三大元素，詮釋出醒力包裝的美學與設計輪廓，透過豪邁大氣的毛筆字，展現猶如男子漢瀟灑不羈的真MAN性格。

模糊到清晰 — 昏睡 — 醒來 — 豪邁大氣 — 瀟灑硬朗 — 深夜黑

Wake up a man's day

To Knock out the Hangover. To conquer alcohol, you can only rely on the Power of Wake Up.

設計元素展現：喚醒男子漢活力的一天

「真醒」品牌傳達的是迷醉與清醒間一種及時有力的轉化，並希望消費者以最直觀的方式感受到產品使用的終極狀態。在飲料的容量決策上，我們以180ml毫升的小巧罐身為基礎，利用其獨特的品牌基因分析法，策劃了以「醒」字為核心的基礎表現形式，設計出具有絕對唯一性、極具藝術張力的書法「醒」字，大面積鋪展於罐身，輔以朱紅色印章造型的「真」字點綴，不但滿足中國市場酒類消費主要群體的審美需求，而且通過這種大與小的強烈反差，在視覺上很好的掩飾了罐身矮小的不足。

在「醒」字的邊角進行了恰當的虛格化處理，完成了深色暗格罐身與白色藝術字體的合理融合，以充滿巧思的設計呈現出醉與醒之間的朦朧意境，提醒消費者隨時wake up！時刻進入喚醒狀態！鮮明的主視覺運用，對於客戶在線上網路商店或線下商鋪陳列展示，都能發揮吸睛作用。

回到品牌的初心：包裝企劃策略與最終成果的呼應

醒力品牌成立的初心是為了生活在一二線城市、25-35歲的男性群體，能解決他們社交生活繁忙，飲酒頻率較高，酒後常出現第二天宿醉的不適和疲乏感為目標，而真醒成立至今，作為日常解酒醒酒的功能性飲品，從常見的宿醉不適入手，幫助消費者提高身體分解酒精的能力，也獲得消費者非常良好的回饋反應：「三十而立，理想並未走遠，現實滿是奔波。我們是社會中壓力最大的那群人，在對事業付出必有回報的堅持中，勇往直前，勤於工作，忙於應酬，沒有什麼能夠阻擋這份不懈的努力與執著。然而，在這樣的生活間隙裡，我衷心希望自己每次飲酒交際後的第二天，不必從宿醉的頭疼和乏累中清醒過來，而真醒解酒液給了我最正面的力量，讓我在忙碌生活中能夠放鬆，也能清醒面對隔日的工作。」

這個項目遵循了該公司對於「功能性飲料市場」容量大、增長快的驅動力，而解酒產品市場在文化相近的日韓發展歷史長，市場規模大且仍在快速增長中，並且已經自2015年陸續開始進軍中國市場，但中國目前在功能性飲料的市場還屬於空白，根據消費者調查研究顯示中國年輕的飲酒消費者，針對飲酒已經開始具有強烈的的保護自身健康的需求，但相應的市場仍處於萌芽狀態，因此醒力期盼從這個市場切入點，成為功能性飲料的領導者和定位清晰的全國品牌。

我懂狂欢享受，
更懂这不是全部的生活！

醉有态度，先醒一步！

包裝上市後的市場表現

「真醒」植物飲料於2017年10月正式上市至今，渠道鋪設已經涉及線上天貓品牌旗艦店、京東品牌旗艦店以及其他電商平台，線下則以上海羅森直營、綠地優先等便利超商系統為主，完成了市場初探。

在中國市場現階段依然缺少一款醒酒飲料領軍品牌的情況下，線上銷售獲得了百分之九十九以上的好評率，顧客回購率持續穩定在百分之十五以上，其中設計新穎、符合商務身分、適合送禮、性價比高等評論不絕於耳。通過線上品牌形象的展示帶動，線下經銷商的諮詢洽談逐日增多，其中以一、二線城市為主的渠道合作意向最為明顯，這在很大程度上得益於優異的包裝設計所體現出的審美價值。

為了更精準的向消費群傳達品牌理念，我們對品牌基因進行全面解析並完成全套包裝設計工作，完美的與其他品牌作出強烈的區別，良好的包裝形象使「真醒」在與其他本土醒酒品牌的對壘中，逐步形成了鮮明的品牌差異化優勢。

● 酒前酒后 　　● 轻松应酬 　　● 宿醉不留

形象視覺海報擴張延伸

從不同的消費應用場景，利用對比反差的效果，幫助消費者理解選擇真醒解酒飲料，是對於宿醉問題的最有效解決方案，透過共同強調品牌主張「別讓你的醉意陪你過夜」為主要影像計畫的拍攝主軸，定義：**1.放飛自我的社交party**、**2.人生失意的兩人對酌**、**3.觥籌交錯的商務應酬**等三款情境式視覺訴求表現。在攝影計畫中，我們透過選角找尋合適的模特兒，以妝髮和攝影技巧使其精彩演出25歲的社交、35歲的商務應酬和45歲的人生失意三大主題情境，每款更搭配主題配置適合的文案，完美演繹「醉有態度，先醒一步」的男子漢氣度。

設計流程、執行過程與主要角色分配計劃、跨海合作反饋

有效溝通始終是項目執行的重點。尤其是上海與台灣存在很大的地理跨度，項目初期有過這方面的擔憂，但彼此相似的公司文化調性，也讓我們很容易就達成了許多共識，我們從解酒飲料品項研發方向確認之後，開始由存在團隊接手設計企劃執行至完成，共經歷了半年的時間，其中執行的項目包含設計前置溝通對話、品牌文案企劃、設計前導、品牌識別設計、品牌視覺定位設計、品牌視覺定位延伸、靜態攝影計畫等主要項目。簡單總結，執行醒力這個項目的成功合作，除了設計專業的企劃策略之外，還有四個關鍵點：

一　不以對錯評判為導向，坦誠表述各自的觀點想法。

二　以解決實際問題為主，提高效率，簡化流程。

三　碎片化利用時間，短時間、高頻率的交流反饋。

四　充分利用網絡溝通工具，如微信。

因此最終雙方達成極高的設計共識，讓真醒品牌包裝視覺通過像素化、具象化等等不同的設計手法，來表達飲用這款產品後會由不舒服的混沌狀態轉化到比較舒服的清醒意識，具有正能量趨向性，並且明確表達商務男子依賴這款產品來解決短期宿醉問題後，呈現出的精神飽滿、積極打拚的男子漢形象。視覺主要以黑色為底色，配合白色形成強烈的對比，以突出品牌名核心，展現粗獷、硬朗、質感的「醒」字。

真醒的飲品包裝上皆選用可回收再利用的鐵為主要材質，消費者飲用結束後簡易清洗即可環保回收，而6入裝的盒子在材質上也選用瓦楞紙直接印刷成盒，而不在外層多添加保護膜，有效減緩了一般紙盒上膜對於回收拆解的多道程序，來達成更有效的回收便利性。

放飛自我的社交party 　　　　人生失意的兩人對酌 　　　　觥籌交錯的商務應酬

WAKE UP！

By utilizing the distinctive analytical method of brand DNA, the character of "wake up" is planned to be the core as the fundamental form of expression to design the calligraphic Chinese character with uniqueness and with extremely great artistic tension. With the said character spreading over the can body in large area, and with the embellishment of the character of "true" that is of the modeling of Chinese red seal as the auxiliary, the appropriate dotted treatment is conducted at the corner of the character of "wake up" to complete the beautiful fusion of dark grid can body and the white decorative font to ingeniously present the vague artistic conception between drunk and awake to remind you to wake up at all times！ Always regain consciousness！ And wake up a man's day！

作　　　者	／	黃子禓
總 策 劃	／	存在設計

封 面 設 計	／	兒日
版 面 設 計	／	Arvin Huang
責 任 編 輯	／	曾曉玲、蔡穎如
行 銷 主 任	／	辛政遠
資 深 行 銷	／	楊惠潔
通 路 經 理	／	吳文龍
總 編 輯	／	姚蜀芸
副 社 長	／	黃錫鉉
總 經 理	／	吳濱伶
首 席 執 行 長	／	何飛鵬

出　　　版	／	創意市集Inno-Fair
發　　　行	／	英屬蓋曼群島商家庭傳媒股份有限公司城邦分公司
		Distributed by Home Media Group Limited Cite Branch
地　　　址	／	115 臺北市南港區昆陽街16號8樓
		8F., No. 16, Kunyang St., Nangang Dist., Taipei City 115 , Taiwan

城邦讀書花園	／	www.cite.com.tw
客戶服務信箱	／	service@readingclub.com.tw
客戶服務專線	／	(02) 25007718、(02) 25007719
客戶服務傳真	／	(02) 25001990、(02) 25001991
服 務 時 間	／	週一至週五09:30～12:00、13:30～17:00
劃 撥 帳 號	／	19863813　戶名：書虫股份有限公司
實體展售書店	／	115 臺北市南港區昆陽街16號5樓
ISBN	／	978- 626-7683-31-6（紙本）／ 978-626-7683-37-8（EPUB）
版次	／	2025年7月二版1刷
定價	／	新台幣460元（紙本）／ 345元（EPUB）／ 港幣153元
製版印刷	／	凱林彩印股份有限公司

◎ 如有缺頁、破損、裝訂錯誤，或有大量購書需求等，都請與客服聯繫。

BEFORE THE BRAND
OUTSIDE THE DESIGN

品牌之前
設計之外

從企劃哲學、品牌思維到創意發想，
解構設計背後的思考策略與實踐方式
【暢銷版】

國家圖書館預行編目(CIP)資料

品牌之前，設計之外：從企劃哲學、品牌思維到創意
發想，解構設計背後的思考策略與實踐方式／黃子禓
著. -- 二版. -- 臺北市：創意市集出版：英屬蓋曼群島
商家庭傳媒股份有限公司城邦分公司發行, 2025.07
　面；　公分
ISBN 978- 626-7683-31-6（平裝）

1.CST: 行銷策略 2.CST: 品牌行銷 3.CST: 個案研究

496　　　　　　　　　　　114006585

香港發行所　城邦（香港）出版集團有限公司
九龍土瓜灣土瓜灣道86號順聯工業大廈6樓A室
電話：(852) 2508-6231
傳真：(852) 2578-9337
信箱：hkcite@biznetvigator.com

馬新發行所　城邦（馬新）出版集團
41, Jalan Radin Anum, Bandar Baru Sri Petaling,
57000 Kuala Lumpur, Malaysia.
電話：(603) 9056-3833
傳真：(603) 9057-6622
信箱：services@cite.my

＊廠商合作、作者投稿、讀者意見回饋，請至：
創意市集粉專　https://www.facebook.com/innofair
創意市集信箱　ifbook@hmg.com.tw

Printed in Taiwan　著作版權所有・翻印必究